逆转人生的勇气

Alfred Adler

［奥］阿尔弗雷德·阿德勒——著
贾宁——译

中国画报出版社·北京

目 录

第一篇 认识和接纳不完美的自己

第一章 逆转人生的内在动力——找到人生的意义

004 | 如何在受限的人生中找到无限的潜能
011 | 在童年时期找到正确的人生意义会成就一生
018 | 合作的重要性

第二章 从不完美的自己中找到灵与肉的完美结合

022 | 心灵和肉体互为影响
026 | 肉体弱小，心灵就要强大
040 | 生活风格决定你的一生

第三章 超越自卑才能逆转人生

046 | 自卑情结的危害
051 | 自卑的根源在于不接纳不完美的自己
054 | 追求完美会让人变得扭曲

第四章 童年早期记忆可以窥见人格

068 | 童年早期记忆蕴藏着丰富的内涵
079 | 早期记忆对人一生的影响
083 | 有问题的人，往往出自有问题的家庭

第五章 从梦中寻找隐藏的自己

094 | 人为何会做梦
096 | 梦的真实面目
106 | 梦是自己真实意图的显现

第二篇 在自我启发中成长

第六章 从幼稚到成熟，总会遇到逆境、挫折或歧途

124 | 成长的烦恼
133 | 为何要铤而走险——犯罪心理分析
150 | 走向犯罪的道路是谁之过
157 | 怎样挽救歧途者

第七章 实现人生价值的主战场

164 | 合作的重要意义
167 | 职业规划要从小抓起

176 | 建立合作，增进友谊
178 | 社会兴趣和社会平等

第八章 好的婚姻幸福一生

182 | 爱情与婚姻的实质就是共同合作
187 | 结婚前的准备
192 | 造成婚姻失败的原因
197 | 维持婚姻幸福的秘诀

第九章 做父母的职责

206 | 母亲是孩子的根基
218 | 父亲是孩子的榜样
227 | 家庭和睦的关键是平等
229 | 出生顺序不同，成长轨迹也会不同

第十章 学校的重要性

242 | 老师的作用不可替代
248 | 学校里的竞争与合作
250 | 对孩子的测试和评估要慎重
251 | 教育孩子：不要为自己设限，人生完全可以逆袭
259 | 弥补孩子的性格缺陷

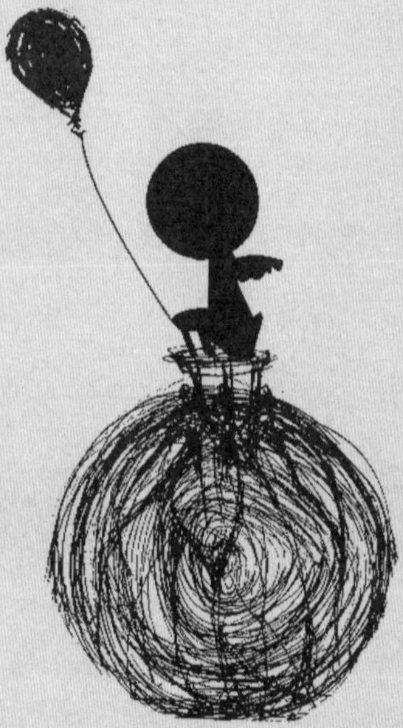

第一篇

认识和接纳不完美的自己

第一章

逆转人生的内在动力——找到人生的意义

一个能够从容应对生活中所有困难的人，用他的行为告诉我们，正确的人生意义在于引起他人的兴趣，与他人建立联系、达成合作，以实现互利共赢。

如何在受限的人生中找到无限的潜能

在人类诞生之初，“人生的意义是什么”这个问题就已经存在了。时至今日，不管是年轻人还是老人，依然会为此而感到疑惑。不过值得注意的是，思考这个问题的时候，通常代表此时自己的人生很艰难。一个人如果始终顺心如意，是不会去思考这种问题的，也就不可能将其诉诸言词。要想从人生的泥潭中走出来，逆转人生，就要先明确方向——找到正确的人生意义。

每个人对人生意义的解读都不相同，因为各人有各人的生活。因此，没有谁的解读是完全正确，或者完全错误的，它们都处于极端正确与极端错误的中间地带。但可以分辨出哪些解读是非常正确的，哪些是比较正确的，哪些有小错误，哪些有大错误。由此，我们会发现那些相对正确的解读有着怎样的共性，错误的解读有着怎样的弊病，就可以从中得出一种更加科学的解读，甚至可以应对生活中的所有情况。不过，这里必须牢记一点，此标尺是相对人类及人类的目标和计划而言的。至于其他的，我们既无法与之建立联系，也无法对其有所体会，所以对我们来说，它们并不具备现实意义。

每个人的一生都必须面对三个事实。我们所感受到的生活，既由这三个事实组成，又受这三个事实制约。这些事实常常引发一系列的问题，给人们造成困扰，因此不得不予以重视。而人们对这一系列问题的回答，往往最能体现他们对人生的理解。

第一个事实是，我们只能生活在地球上，没办法离开这个荒凉的星球到别处去生活。这一事实限制了我们的行为，令我们除了借助地球上的各种资源繁衍生息外，别无选择。为了保证这种繁衍的延续，我们又必须保持个人的身心健康。这些，都是人类直到今天也无法逃避的问题。事实上，人们的一切行为，都是对自身生活状况的解读，其中蕴含着一切人们所认定的有价值的、合适的、可能的及必须的事实。但是，无论我们如何解读，都必然会受到“我们属于人类”“我们生活在地球上”这一事实的限制。

人类生活的环境中潜藏着太多的危险，而人类本身却极为脆弱。所以，为了确保能够拥有安全美好的生活，必须努力确保我们的所作所为是富有远见、充满逻辑的，就好像我们必须竭尽所能才能寻找到一道数学难题的正确答案一样。这种寻找不能依靠主观猜想，也不能依靠运气，只能依靠我们通过长期严格要求自己而形成的强大毅力。只有凭借这种坚持不懈的意志，才能找到那个最接近完美的答案。当然，这个最佳答案同样受到“人类只能生活在荒凉的地球上”这一事实的限制，且还必须考虑到，人类面临的灾难和种种利益冲突，都与地球紧密相关。

第二个事实是，每个人都不是单独的存在，地球上有很多人，每个人都是这个大集体中的一员，只要活着，就会和其他人产生联系，只是联系的紧密程度不同而已。个体的力量是弱小的，受到的限制又多，所以很难仅凭一己之力就达成某种目标。一个人如果尝试在这个地球上独自生活下去，并独自应对一切难题，结果必然是失败和灭亡。单独的个体既无法生存，也无法延续后代，如果想存活下去，就必须与其他人建立联系。只有这样，个体才能获得幸福，而个体幸福了，整个人类才能幸福。由此可见，与他人建立联系才是一切的重点。在对生命的各种问题进行解答时，必须考虑到这种联系。要明白，这种联系是人类活动的基础，一个孤立自己的人，必定走向灭亡。以上所言，皆是确信无疑的事实。从中可以看出，对人类而言，最重要的目标就是，在地球这个荒凉的星球上，与他人建立联系、达成合作，以保证人类的繁衍生息。而要想实现这一目标，保证生命的延续，必须学会调解自己的情绪和行为。

第三个事实是，人类具备男和女两种不同的性别。不管是对人类个体来说，还是对人类社会来说，这一点都是其在生存发展的过程中必须面对的事实。无论男人还是女人，其生命中都不可能绕开爱情和婚姻这个问题。而这个问题的基础，就是刚才提到的第三个事实。人们基于这一事实表现出来的行为，通常蕴含着他们对生活的态度。人们可以选择各种各样的方法，来解决这一事实引发的不同问题。事实上，人们最后选中的往往是他们所理解的最佳解决办法。

从以上三个事实出发，又引出三个必须面对的问题：一、人们在受到限制的情况下该如何获取一份工作，以维持生计？二、在同类中，人们该如何建立稳固的地位，以便于达成共同合作、互惠互利的目的？三、人们要想适应这个事实，即“人类具备男女两种不同的性别”“人类的繁衍生息有赖于两性关系”，该如何调整自身的行为？

我们必须面对的，还有这三个问题所涉及的三个领域，即职业、社会、两性。个体心理学家发现，在个体生活中，我们遇到的问题绝大部分都属于这三个领域。每个人对人生的理解，就蕴含在对这些问题的解答里。拿这个人来举例：他爱情不美满，工作不上心，缺少朋友且视人际交往如洪水猛兽。通过他生活中的种种不如意，能够推断出，他认为人生是充满困顿与危机的，其中没有多少成功的机会，却有着太多的失败。他在人生中的种种不作为，可以看作他对人生意义的解读：人生就是保护自身避免受伤，是停留在自己的舒适区内，是在一切安稳的状态下度过此生。

再来看另一个人：他热爱自己的工作，并能够取得一定的成绩，爱情生活也甜蜜美满，身边的朋友非常多。在他眼中，生活是充满希望和富有创造性的，而且到处都是机遇，就算偶有挫败，也很快就会过去。从他直面人生种种不如意的勇气中可以看出他对人生意义的解读：人生就是和同伴并肩作战、共同进退，作为人类中的一员，为整个群体的幸福贡献出自己的力量。

根据上述内容，可以看出，不管是对人生的正确解读，还是错误解读，都具有共同的评价标准。罪犯、酒鬼、精神变态等，之所以这样，是因为缺乏同理心及对这个社会的兴趣和归属感。对这种人来说，任何问题，不管是工作上的，还是爱情或友情上的，都没必要去向他人寻求合作。他们的目光只放在自己身上，他们对人生意义的解读完全以自我为中心，当他们取得所谓的成功时，没有人能从中获得任何好处。在他们眼里，成功仅是个人的事。可实际上，这样的成功不过是一种虚假的自我满足感，除了他们自己，对任何人都没有意义。

杀人凶手们坦言，当他们手执毒药时，内心会感受到一股力量，但实际上他们仅仅是在自我催眠而已，他们手上的毒药在其他人眼中并不能带给他们任何力量。以自我为中心对人生进行解读没有任何意义。只有在人与人之间的交流中，意义才有存在的可能，个体眼中的意义不过是一种虚假的想象。我们的目标及行动也是一样，它们对他人的意义就是它们本身具有的唯一意义。每个人都在努力实现人生的意义，但是如果没有意识到自己的全部意义只存在于对他人的贡献当中，就总是会犯错。

对人生的正确解读具有普适性，也就是说可以与他人共享，并能够获得大多数人的认同。一种好的方法，如果在某个人面临某个难题的时候奏效了，那么当其他人面临类似的难题时，这种方法也必然同样有效，它对整个人类而言，也就具备共同意义。当一个人自身具备的重要意义获得了大部分人的认可，并因此取得了极高的成就时，他才可能被冠以“天才”之称。综上所述，我们可以看出，对个人而言，其人生的意义就在于为群体做出贡献。当然，这里所说的一切与职业无关，只针对个人成就而言。一个能够从容应对生活中所有困难的人，用他的行为告诉我们，正确的人生意义在于引起他人的兴趣，与他人建立联系、达成合作，以实现互利共赢。这种人有一个共同特点，就是会根据同伴的兴趣调整自己的行为，即便遭遇困难，也不会为了解决问题而去损害他人的利益。

这对大部分人来说或许是一种新鲜且略显奇怪的观点。有人可能会产生疑惑：“正确的人生意义在于为他人做贡献，并与那些你感兴趣的人合作，这是真的吗？如果总是以他人的利益为重，丝毫不考虑自己，难道不会损失惨重吗？如果想让自身得到发展，以自己为重又有什么错呢？维护自身利益，强化自身人格，有什么不对吗？”

这些疑问表面看没有什么不对，但实际上却大错特错。

更确切地说，这些问题根本不能称之为问题，所有疑问都是不成立的。一个人，如果他的人生意义中含有为他人做贡献的部分，其情感指向也以此为目标，那么其自身在发展的过程中，必然知道该如何选择最能体现其人生价值的道路。在这个过程中，他会在明确目标和社会感的指导下，不断地调整和完善自己。通过不断的练习，他会自然而然地掌握种种技巧和能力，并不断的充实自己，以应对生活中的三大问题。就拿爱情和婚姻来说，当我们和另一个人相爱时，就会为自己制定一个目标，即让对方的生活因为我们的存在而更加丰富和美好。为了达成这一目标，我们会竭尽所能且毫无保留地展示自己的才华和能力。可如果这个目标不存在，我们的努力都只停留在自己的脑海中，那么这场爱情就会变成一幕虚伪的戏剧，令人生厌。

还有一项证据也可以证明，人生的意义就在于为他人做贡献。看看祖先留给我们的东西，看看他们留下的那些开垦过的土地、建造的房屋楼舍，以及科学技术、艺术文化等许多宝贵的无形资产，你能发现什么？这些都是他们对人类做出的贡献，现代人能够过上今天这样的美好生活，与这些伟大的贡献息息相关。

反观那些不懂贡献与合作的人，他们给世人又留下了什么呢？回顾其一生，只懂得逃避生活的他们，一点儿痕迹也未留下，不但人消亡了，人生价值也没有任何体现。当然，人类的文明发展至今，依然不是尽善尽美的，其中仍有许多瑕疵。当我们发现这些瑕疵时，总是竭尽所能地去改善它，目的就是为了给人类创造更多的幸福。

在我们的生活中，随处可见勇于贡献、乐于合作的人。这种人很清楚如何让自己的生活变得有意义，他们总是对爱情全力以赴，对社会充满关心。社会上一切具有伟大意义的活动，最初产生的根源都是人类想为社会谋求更多福利。

正确的人生意义和错误的人生意义，将造成两种截然不同的结果。对人类事业来说，正确的人生意义是守护神一样的存在，而错误的人生意义则如魔鬼一般令人畏惧。所以，现在最重要的事情，就是了解这些意义产生的过程以及其中的差异，并在其出现重大错误时，及时进行纠正。事实上，以上这些问题都属于心理学的范畴。与生物学、生理学相比，心理学最大的不同就在于，它能利用对意义的理解， 来解读意义对人类的作用,并对此造成影响,从而增强人类的幸福感。

在童年时期找到正确的人生意义会成就一生

自出生之日起，人类就开始探索人生的意义。即便是婴儿这样如此弱小的存在，也会想办法弄清自己的力量，以及这份力量在生活中能够产生怎样的影响。一个孩童，在出生后五年之内就已建立起了一套属于自己的稳定的行为模式，以应对生活中的一切事物，我们将此统称为“生活风格”。此时，他们对“对于自己和世界该抱有怎样的希望”这一问题，已经有了较为深入的了解。从此以后，他们会利用自身对社会、对自己的看法，建立起一个专属的“统觉表[1]”，然后以此为工具，观察整个世界。此时的他们，还没有经受所谓的社会经验的洗礼，但对人生意义的解读已经开始逐渐形成。这种对人生意义的解读可能是完全错误的，也可能会在之后的生活中给他们带来巨大的痛苦和灾难，但即便如此，他们也不会轻易放弃。要想纠正，就必须回到源头，对他们的“统觉表”加以修正，改变他们看待这个社会的方式。

有时候，人们错误的行为会导致极为糟糕的结果。这时，他们可能会对自己想要实现的人生意义做出修正。反之，如果他们在社会上从未感受到严重的压力，那么即使不断遭遇困难，他们也不会做出任何改变。一般情况下，需要依靠专业的心理学人士的指导，才能修正已经形成的对人生意义的解读。这些专业人士不仅能帮我们找到错误的根源，还能帮我们建立起更加合理和正确的人生意义。

儿童时期的经历会对每个人的人生意义的解读造成不同

1　是一种知觉内容和倾向，蕴含着人们已有的经验、知识、兴趣、态度。形成“统觉表”表示人们的知觉不再限于对事物个别属性的感知。“统觉表”包含了人们对于个人和社会的基本看法，通常在五岁左右形成。——译者注的影响。一些人虽然拥有悲惨的童年，最后却可能形成完全相反的对人生意义的解读。这些人中的一部分人，依然对生活抱有乐观和积极的态度，童年的不幸经历对他们来说，除了令其对外部环境具有更强烈的防备外，并不会对他们造成其他困扰。这种人通常会有这样的想法：“我一定要竭尽所能地改变眼前槽糕的处境，以免我的孩子会像我一样，经历那么不幸的童年。”而另一些童年不幸者，则会有截然不同的想法，这些人觉得：“这个世界对我太不公平了，为什么我要承受如此多的折磨。世界待我如此残忍，我又何必善待它。”还有些人会这样告诉自己的孩子：“我的童年十分悲惨，但我挺过来了。既然我可以，你们也没什么不行的。”还有一些人则认为：“我小时候经历了那么多的磨难，所以不管我做什么，都是可以被理解和原谅的。”

童年时期的经历常常会影响人们的行为。所以，当我们想改变一个人的行为时，必须先从他对这些经历的理解上入手。一个人的经历是无法决定其人生之成败的，这是个体心理学对决定论的驳斥。人们通常不会将自己困于过去的经历中。这些经历虽会在其确立人生目标时造成一定的影响，但却不会起到决定性的作用。一个人能拥有怎样的信念，由他从自己的人生经历中获取的人生意义来决定。当我们以过去某一时期的特殊经历为基础，去构想未来的生活时，很可能会误入歧途。环境因素虽不能决定我们的人生意义，但我们对它的理解却能决定自己的命运。

在生活中，经常能看到因童年环境而对人生意义解读严重错误的例子。那些童年不幸的孩子，有很多最后都成了人生的失败者。先来说一说那些幼小时就患有严重疾病，或者生下来就有缺陷的孩子。这种孩子通常很难明白人生的真正意义在于为他人做贡献，因为从很小的时候开始，他们就不得不承受巨大的压力。如果身边的人能对其加以引导，让他们将注意力转移到其他人身上则还好一些，否则一般情况下，他们只会沉浸在自己的感受里。面对其他正常人时，他们经常不自觉地进行比较，并因此而感到颓丧。在当今的环境下，他们很容易因周围人的同情和嘲笑而变得自卑和孤僻。这种境况或许会让他们认为，自己的尊严受到了侮辱，并因此对自己产生质疑，认为自己对这个社会毫无价值可言。

对这类孩子而言，身体的缺陷或内分泌的异常令他们对生活产生了疑惑。我想，我是第一个对这种疑惑进行研究的人。我一直在寻找的是解决这个问题的办法，而不是先天的缺陷或者内分泌的异常会造成错误的生活风格或那些有遗传疾病或者先天缺陷的人一定会成为失败者的证据。事实上，以上两点根本无法得到证明。

有很多孩子，最后都战胜困境，成长为对社会有用的人。对个体心理学家来说，优生优育并不是他们想要倡导的。在人类历史上，其实有很多人都有先天缺陷，他们的身体状况十分糟糕，有些甚至英年早逝，但依然为社会做出了巨大的贡献。这些努力战胜困难的人，以自己的力量推动了整个社会的进步。他们是坚强不屈的战士，永远不会向困难低头。如果把目光都放在他们的肉体上，就无法了解他们的心灵，也无法判断出他们是在向好的方向还是坏的方向发展。不过，现实告诉我们，大部分有先天缺陷的孩子都无法获得正确的指导，人们对他们面对的困难一无所知，他们因此沉浸在自己的感受里，最后走向了失败。

父母对孩子过度宠爱，也会导致其形成错误的人生意义的解读。一个孩子被宠爱过度，就会将自己的诉求当成命令，希望他人可以无条件地服从自己，并认为无须付出任何努力，就可以得到想要的一切。这种孩子通常会觉得，自己是与众不同、独一无二的存在。因此，当他发现其他人不仅不会把注意力都投注到他身上，还会像他一样，也想成为众人关注的焦点时，他就会感到无法忍受，好像所有人都亏欠了他一样。他不愿意付出，只一味地索取，无论和谁相处，都是这样。亲人的过度宠爱令他丧失了自立能力，他不知道自己能够做什么，遇到困难时，向别人求助是他能想到的唯一办法。在他眼里，可能只有再次成为众人关注的焦点，让周围的人都承认他的特殊性，自己的处境才能得到改善。

被过度宠爱的孩子有很大概率成长为危害社会的人。他们中的一些人毫无良好的道德观念，善于利用阿谀奉承的手段获取权力，对其他人在工作中表现出的合作精神大肆破坏。还有一些人会直接表现出反社会倾向，在他们眼中，那些不肯听从、附和他们的人都是敌人。这种人对社会充满不满，总是心怀恶意、处心积虑地想要报复所有人。在这个社会上，他们的生活风格是无法得到认可和接受的。所以他们就觉得，整个社会都对不起他们。这就是给予他们惩罚也无法产生任何效果的原因。他们只会认为，所有人都在和我作对。

这些被宠坏的孩子，其犯下的错误表面看起来不一样，但本质却是相同的，都是想要凌驾于他人之上。无论他们采用何种方式，是温和的，还是暴力的，或是两者兼而有之，都是为了达成这一目标。对这种人来说，人生的意义就在于高高在上，让所有人都承认自己的重要地位，对自己唯命是从，自己想做什么就能做什么，想要什么就能得到什么。如果一直抱有这样的观点，那他们就不可能做出任何正确的事情。

对孩子的忽视，也会导致其形成对人生意义的错误解读。被忽视的孩子不懂得什么是真正的爱，什么是友谊，什么是合作，他们对生活的理解很容易偏离正确的道路。他们总是高估生活中的困难，而且不相信自己有解决困难的能力，也不相信能够从他人那里获得帮助。这一点儿也不难理解，之前社会总是对他缺乏关注，所以他自然觉得会一直这样下去。他不相信自己，也不相信他人。在他眼里，只有让别人得到好处，才可能获得他们的好感和尊重。他根本不明白，人与人之间的感情，是任何东西都无法取代的。

对一个母亲来说，她最重要的一项责任就是得到儿女的信赖，然后将这种信赖扩大，直到它能涵盖儿童生活的各个方面。如果她无法尽到这一责任，没能让孩子对周围事物产生兴趣，也没能让他对感情和合作有所了解，那么孩子就很难对社会形成关注，也很难与他人建立友谊、达成合作。无论是谁，都有与他人合作的能力。但是，这种能力如果没有经过他人的引导、培养和训练，其发展会受到限制。

一个被人忽视、排挤和厌恶的孩子，是不会愿意与人交往的。他们总是形只影单，毫无与人合作的意识，从来不会关注周围事物。这样的个体在其所处的环境中会有怎样的结局，我们之前就已经说过了，必然是走向灭亡。当然，一个婴儿能够顺利成长为一个孩童，必然受到了外部的一些关照。也就是说，刚才提到的孩子并未受到完全忽视。事实上，我们此处讨论的是那些与正常孩童相比，其他方面均无异常，仅在某一方面遭到忽视的孩子。被忽视的孩子对他人必然缺乏信赖。令人觉得讽刺的是，在现代所谓的文明社会中，失败者通常都是孤儿或者私生子，这类孩子基本上都属于被忽视的范畴。

综上所述，身体缺陷、被过度宠爱、被忽视，是儿童形成人生意义错误解读的三个重要因素。在这三种境况中成长起来的孩子，看待问题时往往无法从正确的角度出发。他们必须通过别人的帮助，才可能形成合理且正确的对人生意义的解读。如果能够投入大量的时间和精力，给予他们真正的关怀和帮助，就能通过他们的行为了解他们的人生意义。

合作的重要性

当你对一个人的人生意义有了充分的了解，自然能知道他的性格如何。一些人认为，人的性格特征是无法改变的，但我觉得不然，他们只是没能掌握其中的技巧。不过，之前我们曾说过，如果不能从错误的源头解决问题，那无论怎么研究、治疗，最后都不会有任何效果。唯一有效的途经，就是帮这些人找出能让他们鼓起勇气、面对生活的方法。这个方法其实就是与其他人合作，这是避免陷入疯狂的唯一办法。

因此，应该鼓励孩子们，让他们在生活中多与人进行合作，同时也要对他们这方面的能力进行着重培养。所有阻碍合作的因素都可能产生不良的后果。举个例子，被过度宠爱、总是以自我为中心的孩子进入学校后，可能很难对其他人产生兴趣。为了得到老师的肯定，他会努力学习自己喜欢的学科，他只喜欢做对自己有利的事。随着成长，这种不合作的态度会变成枷锁，束缚他的发展。这种束缚在他成年后会变得越来越明显，因为此时的他需要面对严酷的生活，但他的责任心和独立性在这种束缚之下早已丧失，所以根本无法应对生活中的那些困难与挫折。

当他因此而屡屡受挫时，我们要做的不是责怪，而是竭尽所能地帮助他。一个孩子从未了解过地理学知识，又怎么能指望他在这方面取得成就呢？同理，一个孩子从未学过合作，就不能指望他灵活使用这种能力。不过，必须清楚的是，与他人合作是解决人类各项问题唯一有效的方法。无论想要完成哪种工作，都必须和他人建立起互利共赢的合作关系。人生的真正意义在于为他人做贡献，必须先明白这一点，才能应对生活中的那些问题。

心理学家、老师和孩子的父母都应了解，孩子在形成自己人生意义的过程中会犯哪些错误，并相信，只要孩子们不再犯这些错误，即便是对社会缺乏兴趣的孩子，最终也能认识到自身的能力，并积极地把握住生活中的机遇。他们能够勇敢而坚强地面对生活中的困境，再也不会像以前那样，在遇到挫折时逃避责任、抱怨连连，或者妄自菲薄、卑微乞怜。他们会坚信："我就是生活的主人，我有责任，也有能力开创新的人生。我相信，能够实现这一点的，也只有我。如果在现实生活中，每个人都能与他人通力合作，那么人类社会必然能够得到持续不断的发展。"

第二章

从不完美的自己中找到灵与肉的完美结合

从某一方面来说，如果能够克服心灵上的困难，那么身体缺陷不仅不会造成困扰，反而会促使我们获得更多。

心灵和肉体互为影响

对人类而言，生命在于运动。但这种运动针对的不只是肉体，还应有心灵。植物在土里生根发芽后，便被固定在了一个位置,不能活动。倘若它也有了心灵,我们必然十分惊讶。只是，对植物来说，拥有心灵似乎并没有什么意义，就算它能因此预见未来，知道“马上就会有个人走过来踩扁我”，也无法躲开这种灾难。反观能够活动的所有生物，包括人类，都是可以预见未来并规划自己行动方向的。因此可以说，它们是具有心灵或精神的。

“当然，你感觉到了，所以才会有所行动。”[1]能够预见自己的行为，这就是心灵最主要的作用。明白了这一点，就能够知道心灵是如何控制肉体的。事实上，心灵决定了肉体下一步的行动方向。对人类而言，行动方向具有非常重要的作用。如果没有行动方向，就只能胡乱地做出一些行为，这是毫无意义的。由此可见，在我们的生活中，能够左右行动方向的心灵具有主导作用。至于肉体，则是行动的执行者，同时也影响着心灵。心灵在决定行动方向时，受肉体力量的限制。比如，因为肉体无法超越人体的极限，所以当心灵以

1 摘自《哈姆雷特》第三幕第四场。——译者注

登上月球为行动方向时，就无法实现。

与其他动物相比，人类更善于行动，且在行动方式上拥有更多的选择。人类的手指十分灵活，可以完成很复杂的工作，所以人类能够利用自身的活动改善其生活环境。由此可以预见，人对未来的预见能力会随着时间的流逝越来越强，而人类也会竭尽所能地实现其确定的目标，以维持自身在环境中所处的重要地位。

除此之外，还能够发现，每个人在为局部目标努力的同时，还会存在另一种行为。相比之下，这种行为要更加单纯，其目的就是为了获得安全感和稳固的地位。事实上，人类的一切行为都是为了达成这一目的。这里所谓的安全感是指，在自身所处的情境中，克服了生活中所有的困难，取得了最终的胜利。为了达成这一目的，人类必须对自身所有的行为进行调整，使其成为一个整体。而我们的心灵和肉体能够协调统一，同样是这种目的发挥作用的结果。自胚胎阶段起，我们的肉体就已经开始向着这一目的发展了。比如，当皮肤受损时，整个身体都会努力帮其复原。不过，肉体在发展的过程中依靠的不单是自身的力量，还有心灵的帮助。关于这一点，运动、卫生学具备的价值就是有力证明。

人的一生，肉体与心灵一直在通力合作。它们是一个有机整体的两部分，不可分割。心灵就像发动机，不断激发着肉体的潜能，使其能够克服所有困难，达成目标。想要知道心灵具有何种目标，只需认真观察肉体。肉体的行为、表情等，均是这种目标的反应。人类的一切活动，都是有意义的。活动自己的眼睛、舌头、脸部肌肉，以形成某种表情时，心灵也同时为这种表情赋予了意义。了解了以上这些，就能够知道心理学究竟在研究什么。事实上，所谓的心理学就是利用恰当的方法，通过一个人的行为、表情等来认识这个人，探寻其心灵的目标，并将其目标与其他人的目标进行比较。

心灵在制定目标时必须足够具体，才能确保这个目标足够明确，并能被安全顺利地实施。为了实现目标，心灵必须做出精确的计算，确定安全的范围和正确的方向。当然，这个过程中难免会发生一些错误，但如果没有确定的目标和方向，动作就不会发生。举个例子，如果我们想抬头，心灵就会反映出这个动作的目的。对我们来说，这个目的或许没什么益处，但心灵依然会坚持做出这种决定，只因它认为这是对的。这种偏差，就来自心灵在计算行动目标时出现的错误。之前已经说过，安全感和稳固的地位，是人类一切行动的目标。只是有些人在为这个目标制定行动方向时，发生了错误。这些人如果固执地沿着这种错误的方向前进，必将走向堕落。

观测某人的行为或表情时，如果无法透过表面看清其代表的含义，最好的方法就是对这些行为或表情进行拆解，使其变成几个简单的动作。例如生活中经常出现的盗窃行为，也就是擅自将他人财物据为己有的一种行为。要想了解这种行为，首先要弄清它的目的，即满足自身欲望，获取财富和安全感。由此可见，盗窃行为源自人们对穷苦的畏惧。接着再来看一看，做出这种行为的人处于怎样的境况中，以及他为何会有贫苦之感。最后还要了解一下，盗贼是否能找到恰当的方法，以及正确的方向，来改变自身所处的环境，不再让自己有贫苦之感。应该清楚，盗贼通过偷窃来获取财富和安全感，这种目的本身并没有什么不对，但他实现这一目的的手段却错得离谱。

所谓文化，归根到底就是人类对其生活环境所做的改变，是心灵激发肉体行动的结果。心灵指导人类工作，同时也指导和帮助肉体发展。总之，无论在生活中的哪个方面，都可以发现心灵在起作用。但是，我们最开始的目的并不是想强调心灵的无所不能。事实上，面对困难时，保障肉体健康往往是第一目标。也就是说，心灵对肉体是有保护作用的，它确保肉体的安全，让肉体免遭病痛、死亡、意外、灾害的侵犯。为了实现这种目的，在心灵的作用下，我们拥有了感受快乐痛苦、进行想象，以及分清所处环境优劣的能力。这些能力激发了肉体的各种感觉，并支配着肉体的行动。个人感知能够控制肉体，却不受肉体的限制，事实上，它由个人的生活风格和人生目标所决定。

肉体弱小，心灵就要强大

显然，控制个体的因素有很多，生活风格仅是其中的一个。在没有其他力量帮助的情况下，生活风格仅凭一己之力是无法引发任何肉体行为的。事实上，只有经过感情加持的生活风格才能引发个体的行动。在个体心理学方面，我们通过观察和总结得出了一个新观点，即当一个人确定了自己的生活目标后，为了满足实际的需求，他的感情必然会遵循其生活风格，并对个体的发展起到积极推动的作用。这一观点已经超出了生理学和生物学的范围，同时也不属于化学，因为我们不可能通过化学理论或试验，对感情的产生进行预测或阐述。在个体心理学的范围内，我们虽然会先假设生理的客观存在，但研究的重点却是心理目标。比如，个体心理学对研究“焦虑对交感神经和副交感神经的影响”并不会太感兴趣，它更关注的是“焦虑的目标和后果”。

从这一角度出发，在确定焦虑产生的原因时，就不能简单地将其归结为压制性欲产生的不良后果，或者难产引发的后遗症。这两种说法从个体心理学的角度来看，都十分荒谬。通过观察可以发现，对那些习惯于母亲的陪伴、帮扶和照顾的孩子来说，无论何时，焦虑都是其引起母亲注意，进而控制母亲的有效手段。与之相近的还有愤怒，没有人会喜欢愤怒的感觉，但对某些人来说，它却是控制某人或者帮其在某种环境下占据主导地位的重要工具之一。对个体而言，心灵和肉体的表现最早应来自于他的先天条件。心理学关注的重点，也是研究的唯一对象，即人们如何利用先天条件去实现自己的目标。

每个人的感情发展都不可能背离自身目标为其确定的方向。一个人的感情，不管外表看来是快乐的还是痛苦的，是勇敢的还是悲伤的，都和他的生活风格保持一致，其表现方式和强度与大家预料的并不会有太大差别。如果一个人是用一种十分痛苦的方式达成了目标，那么就算这个目标能为其带来优越感，他也不会感到快乐。事实上，这种人只有身处不幸时，才会有快乐之感。只要多加留意就会发现，感情的来去都十分迅速。一个害怕人群的人，当他身处人群时，每时每刻都会感到畏惧和焦虑，但是当他独自待在家里，或者在别人面前占据领导地位时，这种畏惧和焦虑感就消失了。神经症患者们出于本能，会避开那些他们无法掌控的东西。

感情也有一些固定的模式，就像生活风格一样。比如，一个软弱的人，在比他更软弱的人面前和在对他爱护有加的人面前，可能会有傲慢和勇敢两种截然不同的表现，但其软弱的本性却不会更改。为了保护自己，他或许会采取很多措施，比如在自己家的大门上安装报警器和三把锁头，并养一只凶猛的看门狗。不过即便如此，他对外依旧会坚称自己是个勇敢的人。我们或许找不到证据来证明他的软弱和恐慌，但是，当他花费如此多的时间和精力来费力维持自己的生活风格时，他性格中潜藏的怯懦就已暴露无遗。

在性欲和爱情方面，也会出现类似的情况。一个人在靠近他爱恋的对象时，必然会在感情上产生性冲动。这时，他必须集中注意力，抛开一切会对这种感情或性冲动造成阻碍的事物，因为只有这样，才能产生适当的感情，引发必要的生理反应。反之，如果他强行打断这种感情和冲动，就可能造成性冷淡、阳痿、早泄、性欲降低等问题。这种不利于身心健康的行为，通常是由不恰当的生活风格和优越感导致的。这种人不会关心别人，却期望别人关心自己。他们对社会缺乏兴趣，在必须积极努力才能完成的活动中常常失败。

我有一个患者，他是家里的次子。他小时候做过一件错事，这件事带给他的负罪感令他痛苦至今。他七岁时曾让哥哥帮他写作业，并对老师谎称是自己写的。这件事令他愧疚不已，并为此自责了整整三年，因为他的家人都很重视诚实这一品质。后来，他主动找到老师，承认了这个错误。老师笑了笑，并没有说什么责怪的话。他又哭着向父亲认错，父亲听后很痛快地原谅了他，还夸他是个诚实的好孩子。然而，他的负罪感并未因此完全消失，情绪依旧十分沮丧。这位患者因为这样一件小事就自责了这么长时间，可见，他是一个对自己严格要求的人，这种要求不仅包括诚实，还包括强大的自控能力。在家庭环境的影响下，与其他人相比，他对诚实这一品质要更加重视。他的学习成绩和受欢迎程度不如哥哥，所以才会以撒谎的方式来得到别人的夸奖，以此获取一种自我满足感。

后来，因为各种各样的原因，他总是感到自卑。对他来说，手淫和在考试中作弊都是常有的事。越临近考试，他的负罪感就越深重。他性格敏感，因此内心承受的东西比他哥哥更多，压力也更大。当他遇到自己不喜欢的事时，经常以此为借口进行逃避。毕业后，他的工作也不顺利，因为身为技术工作者的他，为了摆脱负罪感，将大部分时间都浪费在了请求上帝原谅上。

他的情况后来越发糟糕，最后甚至被送进了神经病院。在许多人眼里，他都没有治愈的希望了，但令人意外的是，没过多久，他的病情竟好转了。离开精神病院前，医生曾告诫他，复发后必须立即回来就医。他回到家后开始钻研艺术史，可在考试开始前的一个星期天，他突然跑到教堂跪在众人脚下，痛哭流涕地忏悔道："我是个罪人，我的罪孽连上帝都无法宽恕。"他的话引起了别人的注意，他不得不再次入院治疗。第二次出院后，他在某天下午竟全身赤裸地跑到餐厅吃饭。他对自己的身材还算有信心，因为他足够匀称和壮硕。

通过以上种种不难看出，这位患者是通过自身的负罪感来实现诚实这一目的的。一直以来，诚实都是他的行动方向。

只是，在朝这一方向前进的过程中，他显然选择了一条错误的道路。对考试和工作的逃避，正是其怯懦和不自信的表现。他的所有行为只有一个目的，即避开失败。而他之所以在教堂和餐厅中做出那样荒诞的行为，不过是为了引起大家的注意，以此来获取一种自我满足感。他的生活风格引导着他做出这样的行为，而他因此产生的感情又与他的目的一致。

我们应该明白，人类在五岁之前，心灵的整体性及心灵与肉体的关系，就已经初步形成。此后，人们可以借助先天遗传因素和后天环境提供的信息对此进行修正。当我们以这种修正为目标时，便可获得优越感。到六岁时，一个人的人格，包括其人生意义、追寻的方式和目标、自身情感等，就已经定型。当然，这些东西随着这个人的成长依然可能发生改变，但前提是，必须抛弃幼年时错误的思维导向。对此时的他来说，他的行为要与他现在的生活风格相一致，就像他以前的行为也必须与以前的生活风格相一致一样。

每个人都是通过自己的感官来获取对外部环境的印象的。因此，知道一个人是如何训练自己的，也就知道了他想从外部环境获得怎样的印象，以及他想以何种手段来实现自己的目标。想要彻底认识一个人，就必须留心观察他的行为，观察他听和看的方式，观察他感兴趣的对象。一个人的身体受过怎样的锻炼，他的感官是如何获取外部信息的，这些都可以从他的行为中看出来，个体的行为每时每刻都在受个体确定的人生意义的限制。

现在，我们可以为之前确定的心理学定义再添加一些新内容，研究一下人和人之间心灵的差异为何会如此巨大。我们都知道，心理学主要探讨的是个体对周围环境的感知，以及因此形成的态度。当肉体无法适应周围的环境并满足客观的需要时，心灵通常会将其视为负担。所以，与健康的孩子相比，有身体缺陷的孩子在心灵发展的过程中往往会承受更多的压力，他们的心灵很难与肉体协力合作，为他们获取自我满足感。为了像正常孩子那样实现自己的目标，他们必须付出更多的努力，精神方面也要更加集中。这样一来，他们的心理压力就会加大，很容易成为骄傲自大的人。一个身体有缺陷的孩子如果将精力都放在了自己的缺陷上，对外部环境的感知自然会降低，所以与正常人相比，他们很难对他人产生兴趣，因此也就不可能具备良好的社会感，以及较强的与人合作的能力。

无法否认的是，身体上的缺陷确实会给我们的生活造成很大的困扰，但这种困扰并非不可战胜。事实上，就算是残疾人，只要心灵足够勇敢，能够克服各种困难，一样可以如正常人一般取得巨大的成就。与正常孩子相比，残疾儿童遭遇的困难虽然更多，但他们取得的成就往往也比正常孩子更大。在现实生活中，这样的证据很多。比如，一个孩子视力方面有缺陷，那么与正常孩子相比，他会承受更多的压力，他必须花费更多的时间和精力去观察周围的事物和身边的环境，去辨别那些色彩和形状。因此，与视力正常的孩子相比，他将获得更加丰富的视觉体验。所以，从某一方面来说，如果能够克服心灵上的困难，那么身体缺陷不仅不会造成困扰，反而会促使我们获得更多。在人类历史上，有很多视力有缺陷的诗人和画家，通过合理的训练，使身体缺陷已经无法再对他们的心灵造成困扰，与正常人相比，他们对视觉的应用反而更为彻底。

还有一个与之相近的例子，一个孩子天生就是左撇子，但人们在对待他时，并没有顾及这一点。显然，对这些左撇子来说，用右手写字或画画会有一些困难。但是，当他们在家里或学习时，父母和老师依然坚持让他们用右手。时间一长，当他们的心灵能够找到克服困难的方法时，他们的右手也会变得像左手一样灵活。在我们的生活中，有很多的左撇子，这些人在兴趣的指引下，找到克服困难的方法后，通过不断地练习，将自身的缺陷[1]变成了优点。他们在书法或绘画方面展现出的能力，往往比正常人更强。

只有那些想要融入社会并对自己十分关注的孩子，才能找到有效的方法来弥补自身的缺陷。反观那些永远不敢直面

1 19世纪的欧洲，因为左撇子的人很难用右手进行规范的社交礼仪活动，科学家和医生将这些人视为一种“退化”，学校和家庭会强制他们进行“改正”。所以那个时候，左撇子是备受人们歧视的。——编者注

困难的孩子，要想获得比常人更高的成就，几乎是不可能的事。不过，当他们心中能够树立起一个比困难更重要且值得他们努力的目标时，这种情况就会发生改变，他们将鼓起勇气、努力进取。而要想树立起这样的目标，最主要的就是找到他们喜欢和关心的方面。当他们对某样东西产生强烈兴趣时，自然会有意地锻炼自己，以掌握这方面的能力，克服相关的困难。但是，如果他们只将注意力放在与他人的比较和摆脱自身缺陷上，那就很难取得进步。对左撇子们来说，想让笨拙的右手变得灵活，只依靠空想是不可能实现的，唯一的办法就是不畏艰苦、积极训练。显然，他们战胜困难的意愿要比右手带来的消极影响更为强烈。当一个孩子竭尽所能地去克服某项困难时，必然为自己树立一个相关的具体目标，而且这个目标是建立在关注社会、关注他人、与人合作的基础上的。

先天缺陷是可以被转变的，我对有肾病史的家族进行的研究就证明了这一点。这种家族的孩子通常都患有遗尿症，以及膀胱、肾脏、脊椎分裂的问题，且腰部有胎记。不过，通过研究发现，先天缺陷并非导致这些孩子患有遗尿症的唯一原因。这一点从以下两个例子就能看出来，比如当父母的行为出现变化，或者外部环境有所改变时，他们就不会尿床；或者有时候，他们晚上尿床了，但白天却不会出现这种症状。由此可见，遗尿症是可以克服的，只要这个孩子没有智力上的缺陷，也不想利用这个问题达成某种目的。

可是，大多数患病的孩子都不想克服这种毛病，他们从父母或外部获得的待遇令他们想将这种毛病一直保持下去。孩子的母亲如果具有丰富的经验，那么在母亲的有意训练下，孩子就能改掉尿床的毛病。反之，则可能终身如此。一个家族如果有肾病史或者膀胱病史，那么大人们谈话的话题往往就会围绕与排尿有关的事。大人们或许会觉得，这样做对孩子们克服遗尿症是有益处的，可实际上却适得其反。当孩子们发现这种症状可以引来别人的关注时，就不会再有克服它的意愿了。

下面几个例子可以很好地证明，大人们的做法是错误的。事实上，对于父母的教育，孩子们会采取各种各样的方式进行反抗，只要他们有此意愿。德国有一位非常出色的社会科学家，他通过观察发现，父母从事与犯罪有关的职业的，如警察、法官等，他们的孩子犯罪的概率更高。类似的还有父母是医生的孩子，患有精神疾病的概率更大。而牧师和老师的孩子，则往往更容易叛逆和学坏。在现实生活中，这些都已经得到了有力的证明。患有遗尿症的孩子同样如此，由于父母过度关注他们的尿床问题，他们就会认为，可以通过这种方式来获取别人的注意力，并表明自己的意愿。

在遗尿症的例子中可以发现，人们还可以利用做梦来表达自己的意愿，或实现自己的目的。患有遗尿症的孩子经常梦见自己下床上厕所，他们以此为借口，获得别人的原谅。这种孩子通常十分渴求别人的关注，哪怕是在晚上，也希望别人将注意力放在他身上。有些时候，他们也会用这种方式来表达自己的抗拒。无论从哪个角度出发，都必须承认，这种用膀胱“讲话”的行为非常有创意。身体的缺陷成了他们对外表达自己态度的工具。

用这种方式来表达自己意愿的孩子通常背负着一些压力，他们经常感到焦虑或慌张。这些孩子以前大概很受宠爱，但随着弟弟妹妹的降生，这份宠爱被分割了。他们觉得受到了忽视，就用尿床的方式来引起母亲的注意，拉近和母亲的距离。他们用这种糟糕的方法来证明：“我依然是一个需要别人照料的小孩子。”每个孩子的情况和表达方式都不一样，有的孩子为了吸引他人的注意力会在安静的夜晚放声大哭，有的则会掉下床或者叫嚷着要水喝，还有的会出现梦游等症状。不过，尽管这些孩子的外在表现不同，但其心理活动并没有太大差别。他们会采取怎样的行为，通常由他们的身体状况和外部环境来决定。

通过上面这些例子，我们可以看出，心灵对于肉体具有主导性的作用。它不仅会影响行为方式的选择，还会影响肉体的发展。对于这一结论，我们很难给予直接的说明，但却可以提供一些有利的证据。一个孩子如果生性胆小，那么他在成长和发育的过程中就很难大胆做事。他从未关心过自己能在各种领域内取得怎样的成就，甚至连想都不敢想。因此，他不会训练自己的肉体，也不会接受外部的刺激。这样一来，他自然会落后于那些身体壮实的孩子。由此可见，心灵对肉体的发展具有非常重要的影响，它的缺陷和错误都会表现在肉体上。

心灵怯懦无法直面困难的人，肉体的表现通常也十分糟糕。在我们的生活中，这种例子随处可见。之前我们已经说过，在生命最初的那几年，心灵的发育会影响身体的内分泌情况。当我们的腺体有缺陷时，虽然不会对身体产生强制作用，但却经常受外部环境、自身兴趣，以及在兴趣范围内自身活动的影响。

还有一种我们比较熟悉的行为，能够更加直接地证明心灵对肉体的作用。这种行为无法作为固定的特征来阐述，因为它出现的时间一般都很短。这种行为就是我们的情绪。从某种角度来说，人类的情绪都可以反馈到肉体上。我们的面部表情、姿势举止、腿部无规律的颤抖，可能都是表现情绪的方式。比如，当我们脸色变白或者变红时，很可能是血液循环发生了改变。当一个人内心充满愤怒、焦虑等情绪时，必然会对他的肉体产生影响，肉体会利用肢体语言，将这些情绪传达出去。

当人们陷入恐惧时，通常会出现心跳过速、头皮发麻、全身颤抖、冒冷汗、呼吸困难、手脚发软等反应。这对肉体的健康不仅没有益处，反而可能带来恶心、食欲不振等问题。这些情绪在不同的人身上会得到不同的反应，有些人是膀胱受影响，而另一些人则是性器官受影响。比如，有些孩子在考试时会觉得性器官不舒服，而一些男性在犯罪后却会觉得性亢奋，想与女性发生关系。在科学的领域，一些心理学家曾公开发表观点，认为焦虑与性具有不可分割的关系，而另一部分心理学家则刚好相反，觉得两者一点直接关系都没有。这两种观点都是以个人经验为基础建立起来的，过于主观。

不同的人，对于同一种情绪，为何会有不同的反应呢？这或许和每个人自身的遗传因素有关系。通过观察我们可以发现，同一家族的成员在面对相同的情况时，出现的反应并不会有太大差异。根据这一点，我们可以为每个家族总结出他们独有的特点。不过相比之下，我们更喜欢做的是，对心灵利用情绪控制肉体的方式进行研究。根据情绪和情绪在身体上的外在表现，可以推断出心灵在良好和恶劣的环境下会有怎样的行动。比如，当一个人感到极端生气时，为了安抚这种糟糕的情绪，最好的方法就是侮辱、痛骂或者攻击那个令他生气的人。当一个人陷入怒火中时，身体会变得僵硬，也可能会有被重担压迫的感觉。这种恶劣的情绪还会影响一些人的器官，令其出现胃痛、头痛、脸发烧等症状。一个人如果经常头痛或者偏头痛，那么与身心健康者相比， 他将更容易生气。有些人生气时还可能出现其他症状，如三叉神经痛或癫痫性抽搐。

现在，由于研究得不够彻底，对于心灵影响肉体的方式，我们还无法进行全面的解读。不管是自主神经系统，还是非自主神经系统，都会受到紧张情绪的影响。人一旦觉得紧张，自主神经系统就会立即出现反应，并为发泄情绪做出一些行为，如拍桌子、咬嘴唇、撕纸、抽烟、咬笔头等。这些行为表示，他对当前的情况已经忍耐到极限了。面对不认识的人时，这些人由于紧张会变得慌乱，并出现肌肉抽搐、脸色胀红等症状。当然，这些症状并不适应于身体的每个部位。事实上，我们在这里列举出的只是紧张这种情绪可能带来的较为明显的影响。通过更加仔细的观察，我们可以发现，情绪可以影响身体的各个部分，而这些部分表现出的症状，就反映了心灵与肉体之间的活动。不管是心灵还是肉体，都是我们所关心的整体的一部分。所以，必须重视心灵和肉体对彼此产生的影响。

通过上述内容，可以得出这样一个结论：无论是生活风格，还是情绪，都对肉体的发展具有影响。对我们来说，一个孩子如果很早就形成了稳定的生活风格，那么我们就可以预测他在将来的生活中会有怎样的生理表现。一个人是不是勇者，从外表就能看出来。勇者的外表比较独特，通常拥有发达的肌肉、壮实的体魄和挺拔的姿态，这是其生活风格在肉体上的表现。在肉体的发展过程中，他们的生活风格和情绪可能起了非常重要的影响，所以他们才会练就如此发达的肌肉。一位勇者，不管是他的面部表情，还是他的骨骼构造，甚至是他身上的每一个部位，其实都和普通人有很大不同。[1]

还有一个非常明显的事实，即心灵对大脑同样具有影响。可以从病理学中找出一些例子来证明这一点。比如，当一位患者的右脑出现缺陷，导致其无法读书或写字时，只需对其大脑的其他部位加以培训，就能够弥补这种缺陷。一位中风患者，就算丧失了头脑的部分功能，但只要还有剩余部分，他的大脑就依然可以发挥作用。这件事证明了，个体心理学是可以被应用到教育方面的。心灵对大脑具有如此重要的影响，但大脑对心灵来说，却只是一个比较重要的工具。既然是工具，在利用它时当然是越彻底越好。那些先天患有脑病的人，为了摆脱这种缺陷的束缚，必须通过合理的方法对脑部加以训练，使其能够适应生活。

如果心灵为个体确定的目标方向是错误的，那么个体就很难培养出合作的能力，因此也就无法通过合作来帮助大脑发展。所以，与正常孩子相比，那些不具备合作精神的孩子在智慧和理解力方面通常要逊色得多。一个人在五岁之前建

---

1 此处阿德勒强调了生活风格对一个人的生理特征的影响。比如在农村长大的孩子，他们因为从事要体力劳动多一些，所以身体强壮程度、勇敢程度通常都要优于城市里或知识分子家庭中长大的孩子。——编者注

立了怎样的生活风格、这种风格对他产生了怎样的影响、他形成的人生意义和统觉表又是什么样的，这些问题在其成年后的言行中都有所体现。也就是说，只要观察一个人的行为，就能够对他的生活风格、人生意义等问题有所了解。这样一来，当他在合作中面临困难时，我们就能够挖掘出这种困难的根源，并利用恰当的办法帮其矫正。此时的我们已经成功地向个体心理学迈出了第一步。

生活风格决定你的一生

一些学者认为，心灵和肉体之间具有一种固定的关系。但是，这种关系究竟是什么，这些学者却并未在意。克雷奇默[1]曾指出，该怎样根据一个人的身体构造来确定他的心灵特征。按他所说，人类可以根据一些明显的特征来进行分类，比如圆脸、短鼻子的人，多是肥胖者等。这种说法与凯撒的话倒是不谋而合，凯撒曾说："我希望我的身边都是一些梳着光亮头发、拥有良好睡眠的肥胖者。"[2]

克雷奇默虽然将人类的肉体与心灵的特征联系在了一起，但却并没有解释为何这样联系。通过从现实生活中得来

1　恩斯特·克雷奇默（1888—1964），德国人，精神病学家和心理学家，因研究体态、体质与人格特征的关系而著称，代表作有《体型和性格》。——译者注

2　摘自莎士比亚《凯撒大帝》第一幕第二场。——译者注

的经验，我们可以发现，这种类型的人在社会中的适应能力很强，而且在身体方面也没有缺陷。他们对自己壮硕的体型充满信心，从不觉得自己逊于他人。在与他人竞争时，他们通常会竭尽全力，而且很少会产生紧张、焦虑等感觉。他们从来不会将他人视作敌人，也从来不会以敌对的态度去面对生活。在心理学上，我们将这类人称为“外向型人”，这主要是因为他们从来不会担心自己的身体，并因此产生压力。

按照克雷奇默的描述，还有一种神经质类型的人，这种人与上面那一类型的人截然相反，他们通常长有长长的脸和鼻子，个子很高，体型消瘦。这种人在克雷奇默眼里，既保守又善于自我反省，且有精神分裂的倾向。而凯撒对这种人的描述是这样的：“卡修斯那样的人通常都是危险分子，他们长着一张干瘦枯槁的脸，却诡计多端，城府极深。”这种人的性格之所以会变得自私、孤僻和悲观，很可能是受了身体的影响。他们比正常人更需要关注。当他们觉得自己没有得到想象中那么多的注意时，就会变得多疑，并对他人充满怨恨。

不过克雷奇默认为，在这个世界上，外向肥胖类型的人和消瘦神经质类型的人虽然都存在，但只占了一小部分，剩下的大部分都是混合类型的人。当环境以其他方式向人们施加压力时，一些人的性格就可能发生改变，变得内向和怯懦。事实上，只要我们由浅入深不断地去打击一个人，就可以将他变成一个神经质类型的人。

一个人如果具有非常丰富的生活经验，就可以通过某人的行为看出其与人合作的意愿和程度。对我们来说，这是探讨人与人之间究竟能合作到什么程度的一条重要线索。现实生活要求我们与人合作，同时也要求我们在直觉的帮助下为生活寻觅一个合理的目标和方向。纵观人类历史，可以发现，每次重大变革来临前，人们似乎就已经意识到了变革的迫切性，并愿意付出一切代价推动变革的进行。不过，如果将直觉当作判断事物的唯一根据，那么就会经常出现差错。这与人们总是不喜欢驼背、畸形这种过于引人注目的个体是一样的道理。人们对这些特殊的个体一点都不了解，却总是轻易下判断，认为他们都是不能合作的人。这种判断显然是错误的，因为它唯一的依据就是人们的生活经验。事实上，人类大多数的判断都是以生活经验为基础做出的。直到今天，人们也没有找到合适的方法，与这一特殊人群进行合作。由于过度迷信生活经验，所以我们在提到他们时，经常夸大他们的缺陷，以致于他们总是被众人排斥在外。

现在，让我们来总结一下上述内容。人类自降生开始，会在最初的四五年里形成统一的生活风格，并会为了实现这一风格，将心灵和肉体紧密联系起来。与此同时，人们还会形成较为稳定的生活态度，以及与这种态度相对应的感情和习惯。这一时期，人们会经常建立不同形式的合作。根据合作能力和行为习惯，可以了解一个人。凡是失败者，合作能力都很差，这是他们共同的特点。

现在，可以用一种更加科学的依据来定义个体心理学，这门学科的研究重点其实就是了解合作能力的缺陷。每个人的心灵和肉体都是一个整体，这个整体的活动始终受生活风格的影响。因此，人们的思想、情绪必然与他们的生活风格保持一致。如果一种情绪对个体的发展形成了明显的阻碍，并违背了个人的利益，只是去调节这种情绪，并不能从根本上解决问题。应该去改变的是这个人的生活风格，因为情绪不过是生活风格的外在表现。

在此，个体心理学为教育和医疗提供了一个虽然独特但却可行的指引。不应该只是针对一种特殊或独立的病症来进行治疗，而是应该通过了解一个人的生活风格，了解他的心灵为他确定的人生意义，了解在外部环境的影响下心灵控制肉体的方式，了解心灵对社会经验做出的合理解读，来找出他的病灶。这才是心理学要研究的东西。在现今的心理学领域，人们经常做一些与心理学研究不相符的事，比如通过挠痒来观察孩子的笑容，通过打针来观察个体有无强烈反应等。这些手段虽然能够帮助我们了解个体心理的状态，但对认识他的生活风格并无太大帮助。

对心理学来说，生活风格是它最重要的研究对象。至于其他方面的心理学研究，大多可以囊括在生理学和生物学的范畴。这种观点对那些发现特殊生活经验对人的巨大影响的人、那些探讨情感刺激与肉体反应之间关系的人，以及那些研究遗传对人的影响的人尤为适用。但不管怎么说，个体心理学最重视的依然是心灵本身及心灵的统一性，它研究的对象主要有个体赋予外部环境及自身的意义、个体的生活风格，以及个体奋进的目标和方向。到目前为止，个体心理学用来了解一个人心理差异的最有效的方法，就是了解这个人的合作能力。

第三章

超越自卑才能逆转人生

自卑情结会带来不良影响，让人陷入焦虑。因此，具有自卑情结的人总是不断寻找优越感，以消除这种影响。然而，这种行为不仅不能真正地解决问题，反而会形成阻碍。

自卑情结的危害

自卑情结是个体心理学上的一项重大发现，因此很有名。对于这一名词，大部分心理学家都表示了认可，并将其应用到了实践中。至于这种应用对不对，他们对这一名词的理解准不准确，我们并不知道。当我们告诉一个人，自卑情结除了给他带来困扰，没有任何益处可言时，这个人不仅不会战胜这种情绪，还会变得越发自卑。因此，必须实施具有针对性的治疗，努力找出其生活风格中最为沮丧的方面，并在他感到颓丧时不断地给予鼓励。大部分神经症患者都有自卑情结，因此无法以此为依据，对其进行分类。对一个有自卑情结的人说“我知道自卑的情绪正在困扰你”，无法起到任何积极的作用，这和对着一个头疼的人说“我知道你头疼”没有任何区别。

大部分神经症患者都不承认自己有自卑情结，他们甚至觉得，与周围的人相比，自己更有骄傲的本钱。他们完全不承认这一事实。为了弄清他们是如何彰显自身的重要性的，必须将注意力放在他们的行为上。例如，一些骄傲自大的人常常这样想：“所有人都对我不屑一顾，我必须让自己看起来很强大，以改变他们的看法。”而那些喜欢在说话时手舞足蹈并做出各种表情的人则会想："我必须利用一些方法来吸引大家的注意力，以免他们轻视我。"还有一些人，总是故意摆出一副霸道的样子，但实际上，这可能只是他对自卑心理的一种掩饰。这和矮个子的人为了显高，总喜欢踮着脚尖走路一样。在现实生活中，我们经常能够看到，两个孩子一起比身高时，有自卑情结的孩子总是为了显高站得直直的，但是如果你问他，是否觉得自己矮，他绝不会承认。事实上，他根本没有勇气面对这一事实。

因此可以说，那些有着自卑情结的人很难会表现得诚实、稳重。自卑情结的表现形式有很多种。可以用一个例子来证明这一点。三个都是第一次来动物园的孩子，在见到笼子里的狮子时，出现了截然不同的反应：第一个孩子躲在母亲身后，脸色苍白，一个劲儿地要求母亲带他回家；第二个孩子站在原地，身体僵硬，不断地用颤抖的声音说"我一点儿都不怕"；第三个孩子假装毫无惧色地望着狮子，并问自己的母亲："我可以朝它吐口水吗？"三个孩子的反应虽然截然不同，但他们显然都意识到了，与狮子相比，自己是更弱小的存在。

每个人都有自卑心理，只是有的严重，有的轻微。之所以会这样，是因为每个人都有改善自身所处环境的意愿。只有找到合适的方法，并鼓起勇气去克服困难，才能从自卑情结中摆脱出来。没有人能够长期忍受自卑，因为它会给人带来消极的情绪，让人充满负能量，每个人都会竭尽所能地摆脱它。就算是那些缺乏自信、不相信努力可以改变现实的人，也会寻找方法摆脱自卑，只是他们找到的方法很难发挥作用罢了。他们虽然有战胜困难的意愿，却不愿意付出努力去寻找战胜困难的方法。大部分时候，他们都是用一种优越感来自我安慰和自我麻痹。这种行为对摆脱自卑没有任何益处，他们的自卑情结只会越来越重。

因为没有从根源上解决自卑问题，所以他们的行为总是十分荒诞，除了自欺欺人外，没有任何意义，而他们自己也将被迫承受各种生活问题带来的巨大压力。如果我们没有深入地去了解他们的行为，了解这种行为背后的真正含义，那么就会以为他们的行为毫无目的。虽然他们付出了很多努力让一切事物变得合理，但这并不代表他们具有改善自身所处环境的强烈意愿。事实上，他们那看起来杂乱无章的行为已经证明，他们的这种意愿并不强烈和坚定。当他觉得自己不够强大时，不会通过锻炼来让自己变得厉害，而是会换个环境，在另一个环境中认可自己的强大。这种自欺欺人的方法几乎不会有任何作用。如果一直这样自我麻痹，为了维护自己的威严，他们就可能变成一个专制的“暴君”。这对改善他们的自卑情结没有任何好处，原有的生活环境依然存在。当他们回到这个环境中时，依然会感到自卑。我们所谓的自卑情结，就是这种情况。

通过以上内容，我们可以为自卑情结下个定义。自卑情结，是指在面对某种无法解决的问题时，个体感到无能为力的情绪。从这个定义中可以看出，自卑情结有许多种表现形式，比如大哭、愤怒、自责等。自卑情结会带来不良影响，让人陷入焦虑。因此，具有自卑情结的人总是不断寻找优越感，以消除这种影响。然而，这种行为不仅不能真正地解决问题，反而会形成阻碍。因为自卑者会将大部分时间和精力都浪费在逃避失败以获取优越感上，所以最后，他们能够得到的只有犹疑、彷徨和畏缩不前。

我们可以通过广场恐惧症的例子来进一步理解上述内容。一般情况下，这类患者心里的想法都是这样的："我必须待在熟悉的环境中。生活中有那么多危险，我必须尽量保护自己。"这种想法的外在表现就是，这类人会一直关在房间里不出来，或整天躺在床上。遇到困难时，他们甚至采取自杀这样极端的行为。这类人已经彻底放弃自己，毫无战胜困难和改善自身环境的意愿。当一个人选择自杀时，其实也是想获取某种优越感，因为大部分自杀行为都是为了报复或指责。在那些自杀事件中，自杀者基本上都会将自己自杀的原因归咎到另一个人身上，似乎在告诉大家："看，我是多么可怜、多么弱小，而你却如此残忍地对待我。"

神经症患者通常只在一定的范围内活动，以此来避免与外界的接触。他们不喜欢面对生活中的实际问题，只想待在自己能够控制的环境中。他们为自己建造了一座窄小的堡垒，将自己关在里面，拒绝一切外部事物，包括阳光、空气和清风。为了维持这种状态，他们会根据自身的经验选择一种擅长的方式，如大声斥责或抱怨哭泣，来统治自己的堡垒。当他对选择的方式不满意时，就会换另一种。但不管是哪种方法，最后想要实现的都是获取优越感这一目的。当一个孩子发现可以用哭泣来控制别人时，就会经常这样做。而这种行为习惯会让他更容易患上抑郁症[1]。像眼泪和抱怨这样的东西，我们通常称之为“液体能力”。这种能力是破坏合作、掌控他人的一种有效手段。擅长使用这种能力的人，与那些矫揉造作、胆小怯懦、有负罪感的人没什么区别，他们都不敢直面自身的缺点，但他们的言语和行动，却每时每刻都在体现他们的自卑情结。这种人一心想要凌驾于所有人和物之上，为了达成这一目标，他们可以不择手段。不过，他们并不会承认这一点。喜欢自吹自擂的孩子在第一次见面时，就会给人一种骄傲自大的感觉。但是，只要观察他们的行为，就可以清楚地看到潜藏在其内心的自卑情结。

俄狄浦斯情结，即恋母情结，也是神经症的一种具体表现，与上文的“窄小堡垒”差不多。一个人如果没有面对爱情的勇气，也就不可能获得爱情。他将自己的行为限制在家

1 作者对“抑郁症”症状的描述，与现在略有些不同，这是受制于时代的局限，请读者自行辨别。——编者注

庭中，那么当他想要解决性欲问题时，必然也是在这个范围内进行。由于缺乏安全感，他的注意力只会放在自己熟悉的人身上。他害怕与人相处，因为他已经习惯了根据自己的经验来控制局势。被母亲过度宠爱的孩子，一般都有恋母情结，他们总以为无须付出任何代价就能实现所有愿望。他们不知道，通过自身的努力，在家庭之外也是可以收获爱情和关心的。他们依赖自己的母亲，就算是成年后，这种依赖感也不会消失，反而会不断加重。他们渴求的不是爱人，而是能像母亲一样无微不至地照顾他们的仆人。只要有一个过度宠爱孩子并使得孩子无法对他人感兴趣的母亲，和一个严厉冷漠的父亲，任何一个孩子都可能产生恋母情结。

自卑的根源在于不接纳不完美的自己

大部分神经症患者都会限制自己的行为，以免与外界接触。比如，口吃的人在社会感的推动下虽然会与人交往，但在说话时，却总是显得很迟疑。之所以会这样，是因为对他来说，与人交往并不是一件容易的事，他会为此感到慌乱，并产生一种自卑的情绪。面对困难时，那些具有自卑情结的人，以及上学时成绩总是垫底的学生、患有强迫症的人、岁数不小但事业毫无建树或爱情毫无结果的男女、因抗拒工作而陷入失眠的人等，都会表现出一种迟疑和犹豫。一些人在与异性接触时，会对自己的生活风格产生怀疑，并因此导致阳痿、早泄、性冷淡、手淫等问题。这些人之所以会有如此多的担忧和顾虑，归根到底，是因为他们不接纳不完美的自己。

对人类而言，自卑本身并没有什么不对。事实上，从某种角度来看，它是人类改变自身处境的推动者。比如，科学的诞生就是因为人类对未来抱有一种美好的憧憬，并且意识到了自己的蒙昧无知。正是为了改善自身的处境，人类才会积极探索自然和宇宙，并将这种探索系统地归纳起来，形成了科学。所以我认为，自卑心理是人类文明发展的基础。如果一个外星人来到地球，一定会这样感慨："地球上的人类真是太弱小了。他们成立各种机构来获得安全感，建造房屋来躲避风雨，穿上衣服来保持温暖。"我们必须承认，人类在某些方面确实非常弱小，连那些强壮的动物都比不过。事实上，在独自面对艰难生活这一点上，地球上的很多动物都比人类表现得要好。为了生存，一些动物会采取群居或合作的方式。但相较而言，人类才是这个世界上最需要合作的群体。

和动物相比，人类的婴儿尤其脆弱，需要大人精心的照料。这种情况会持续很长一段时间， 如果无法与人合作，那么就只能任环境宰割。因此，我们能够明白，为何那些不会合作的孩子，随着成长会变得越来越消极，并形成难以改变的自卑情结。而另一方面，一个人无论多么擅长合作，依然会不断遇到一些难以解决的问题。无论是谁，都不可能在自己所处的环境中占据绝对主导的地位。人类的生命短暂、脆弱，且始终受到三个事实的限制。人类一直在寻找解决的方法，即便找不到完美的答案，也不会就此止步。无论如何，人类都会坚持不懈地努力下去，但只有与他人合作，这种努力才有希望和意义。

我想，每个人都知道，人类是永远无法实现生命的最终目的的。事实上，只要想象一下那种没有任何困难的完美生活，我们就能知道它会有多无趣。如果我们可以预料到生活中的每一件事，对危险和意外的发生了如指掌，那生活还有何乐趣可言呢？生活最大的乐趣其实就是未来的不确定性。如果以后所有事情都是确定好的，那么还有何可探讨，有何可研究的呢？科学的道路至此也就走到了尽头。此时，宇宙对人类来说就成了一场毫无意义的轮回。原本可以给人以快乐的艺术、宗教等，也丧失了存在的价值。

不过幸运的是，对现在的人类来说，生活并不会这么容易就走进死路，因为人类的奋斗不会停止，新的问题和新的合作机会将源源不断地出现。但是，在这一过程中，那些神经症患者却很难找到有效的方法来解决遇到的问题。一个正常人遇到问题时，会直面这个问题，然后寻求合理的方式一点儿一点儿解决。遇到新问题时，也是如此。他们不需要其他人的额外照顾，因此也就不会成为与他合作之人的负担。

他们明白该如何为社会、为他人做贡献，所以总是能够根据自己的生活风格，勇敢地解决生活中的问题。

追求完美会让人变得扭曲

每个人都想获取优越感，为此，他们会确定一个目标。这个目标通常由他们的人生意义来决定，这种人生意义建立在他的生活风格之上，就像一首自己作词作曲的独特乐曲，绝非表面文章。目标潜藏在生活风格之中，不会直接展现在他人面前。想要知道这个目标是什么样的，只能通过观察一个人的行为去推测。研究一个人的生活风格，就像研读一首诗歌。诗歌的字数或许很少，其包含的意义却很多。要想明白其中意思，就必须仔细地去欣赏和咀嚼。每个人的生活风格都是一件复杂高深的艺术品，要想知道其中蕴含着什么，心理学家就必须以欣赏的角度去研读。为获取优越感而确定的目标同样如此，它的建立也是以不断的探索和推测为基础的。它是一种追求和动力，并非地图上静止不动的点。所以要想了解它，也需付出同样的努力。

没有人能够清晰而准确地说出自己的整体目标。一个人可能了解自己的职业目标是什么，但那只是整体目标的一小部分。就算有了清晰而具体的目标，实现目标的方法也有很多种。比如，某人想成为一名医生，这一目标包含了很多内容，不仅要学习相关的专业知识，还要对自己、对他人怀有一种强烈的关心。除此之外，还要知道怎样去帮助他人，以及在实施帮助的过程中，该对自己进行怎样的限制。

他为自己确立的这一目标，其实是对自卑情结的一种补偿。通过观察他的职业和行为，可以发现这种自卑情结产生的根源。例如，有的人因为童年亲眼目睹了死亡事件，以致于缺乏安全感，所以便想在长大后成为医生，治病救人。又例如，有的人想当老师。不过我们知道，老师与老师之间是存在差别的。有些人想当老师，只是为了通过控制比自己弱小的人来获取满足和优越感，他们通常缺乏社会责任感。而另一些人，他们当老师是真心实意地想为他人做贡献。在他们眼里，学生并不比自己弱小或低下。他们的社会责任感比较强。除此之外还需注意，影响老师行为的，除了能力和兴趣的差异，还有心理状态。人会不断地调整自己的行为，以适应某一具体的目标。与目标间的距离，就是通过这种方式来拉近的。无论处在什么样的境地，人们都会努力实现自己的人生意义，以达到获取优越感这一最终目标。

所以，我们在观察一个人时，不能只看他的外表，而应探寻其本质。为了实现一个确定的具体目标，人们可能做出很多改变，包括改变实现目标的方式，也就是职业。因此必须学会从一个人的整体人格中找到那种潜在的一致性。这种统一的特征不会受表现方式的影响，而是稳固的特征。就好像是一个不规则的三角形，从不同的角度观察它，可能会看到不同的样子，但它的本质并不会因此发生变化。事实上，它始终是原来的那个三角形。个体的目标同样如此，它的表现方式会有很多种。这些方式有助于我们更加全面地了解它。我们不可能对一个人说："你只要做了这件事，就能找到人生的优越感。"在寻求优越感的过程中，能够使用的方法其实很多。只有神经症患者才会在面对困难时坚持"我只用这一种方法"。事实上，一个人越是强大，越擅长使用新方法。

我们无法随意描绘出个体寻求优越感时显露的特殊追求，但是，通过对个体目标的整体观察，我们发现了一个共同点，即对成为神的渴求。在现实生活中，经常能看到一些人在这种追求的指引下，做着成为神的美梦。许多哲学家都有这样的想法，一些父母也对子女寄予这样的期望。除此之外，在古老的宗教中，很多教徒修行的最终目标就是成为圣人。这里的"圣人"其实就隐含了"神"的意思。据说，尼采发疯后曾写信给斯特林堡[1]，落款是"被钉在十字架上架上的人"。疯子不懂得掩饰自己的优越感目标，所以敢光明正大地称呼自己为"皇帝"或"拿破仑"。他们希望自己可以随心所欲，可以预测未来，可以获得一切自己想要的信息，

1 奥古斯特·斯特林堡（1849 — 1912），瑞典作家，世界现代戏剧之父，代表作有《半张纸》《葬仪》等。——译者注

可以掌控所有人类的想法，可以成为世界的焦点，可以拥有超能力。

而另一些人，会通过一些比较温和的方式表达自己成神的愿望。例如，有些人想成为世界上最聪明的人，有些人想拥有掌控别人生死的能力，还有一些人想要长生不死，想要留住他人的性命，想要永远生活在一个想象的世界里。这些愿望，唯有成神才能实现。在宗教领域里，只有神才能永生。这种想法是否正确，我们不予评论，但它确实是对人生的一种解读，是一种人生意义。当一个人赋予自己这样的人生意义时，要么是为了成为神，要么是为了成为圣人。即便是无神论者，也会有掌控神的意愿。由此可见，这种优越感目标的影响究竟有多强烈。

当一个人将自己的优越感目标具体化后，他的生活风格就会为这个目标服务。他的一切行为，包括举止习惯和性格特征，无论好坏，都是与这个目标保持一致的结果。从这个角度来观察问题儿童、神经症患者、罪犯和酗酒者，就会发现他们的行为并没什么不妥，都是为了获取优越感而采取的合理行为。他们并不会认为自身有什么问题，因为他们的目标是明确的，行为自然要与目标保持一致。

有一个男孩，他是班上最懒惰的孩子。有一次老师问他，为什么他的学习成绩会这么差？男孩理直气壮地回答道："那些乖巧听话成绩好的孩子根本无法引起你的注意。

只有像我这种懒惰、成绩差的孩子，才能得到你的关注。”由此可见，这个孩子的目标就是引起老师的注意，所以他才会有那些糟糕的行为。在他看来，这些行为帮他达成了目的，并没有什么不对。因此，可以得出一个结论，要想改变一个人的行为，必须先改变他的人生目标。

还有一个孩子，他非常听话和老实，甚至有些蠢笨，学习成绩同样非常糟糕。而这个孩子的兄长却截然相反，他很聪明，也很活泼，但性格莽撞，常常闯祸。有一次，这个孩子对他的兄长说：“我宁愿做一个蠢笨的人，也不想像你那么鲁莽。”如果这个孩子是因为不想闯祸而表现得愚笨，那不得不说，他是一个非常聪明的人。因为一般情况下，人们对于他这样蠢笨的孩子不会有太多的要求，而且即便他犯了错误，也不会被过多斥责。从这一角度来看，他的蠢笨就不是真的，而是故意装出来的。

人们所说的“治疗”通常是指消除病症。但无论是医疗方面的个体心理学，还是教育方面的个体心理学，都不认同这一观点。如果一个孩子的学习成绩很差，那么只帮他改进学习方法并不会起到太大作用，必须透过表象找到致使孩子成绩落后的真正原因，这个原因可能是他想以糟糕的成绩引起老师的关注，也可能是他不喜欢上学，想以此来逼迫学校开除他。这个真正的原因就是孩子想要实现的目标。如果只从孩子学习差这一表象入手去寻找解决方法，就算有改善也只是一时的，最后他们还是会选择其他方法来实现自己的目标。

这与神经症患者有一些相同之处。一个患有头疼病的人，会在需要时，利用自己的病症来达成目的。例如，当他不想参加一些社交活动，或者不想面对陌生人和十分重要的选择时，他的头疼病就会发作，这是他用来推脱和逃避的借口。此外，他还可以随意地对家人和下属发脾气，只要把一切都赖在头疼病上就行了。他可以利用自己的病痛轻而易举地达成目的，所以，又怎么可能放弃这么有效的方法呢？虽然我们可以用令他害怕的言语来逼迫他放弃这种方法，并让医生将他的头疼病治好，但只要他的目标没有变化，即使他放弃这种方法也会找到别的方法。头疼病好了，还可以有失眠病，失眠病好了，还可以有其他病症。只要原先的目标还在，他就总能找到新病症。有时在很短的时间内，神经症患者就能以令人惊讶的速度，从一种病症过渡到另一种病症。这些人就像是收藏家，轻而易举地就能找到一种新病症来丰富自己的收藏。所以，在对他们进行治疗时，不能只解决表面的问题，而是应该寻找隐藏在这些问题背后的真正原因，也就是他的目标，并弄清这种目标和优越感之间的关系。

如果我把一架梯子搬到教室里，并用它爬到黑板顶端，然后坐下，那么看到我的人或许会认为我疯了。他们心里会很疑惑，为什么我要搬来梯子，然后爬到黑板顶端以如此难看的姿势坐下。但是，如果我向他们说明我之所以想坐得这么高，是因为自卑，是想从高处俯视他人以获取安全感，那么大家或许就会觉得，我疯得没有那么厉害。我用一个非常好的办法实现了自己的目标，在这个目标的指引下，我选择的工具和实施的行动都变得合情合理。唯一让人觉得我有些疯狂的，应该就是我对自己所作所为的解读。如果这时有人指出，我的想法错了，并说服我相信了这一点，那么我的行为就会发生改变。可如果大家什么都没说，只是搬走了我的梯子，那么为了实现目标，我就会用椅子再爬一次。如果椅子也被搬走了，那我就借助其他东西，或者干脆自己跳上去。所有神经症患者都是如此，在他们眼中，自己的做法没有任何错误。如果我们想要改变他们的行为，就必须先改变他们的目标。只有目标变了，他们的行为和心理状态才会改变。之后，在新目标的指引下，他们也会找到新的方法。

下面这个例子就是上述内容的有力证明。一位三十多岁的女士，最近因为焦虑，无法与人交往，所以到我这里来寻求帮助。一直以来，她在工作上都没取得什么成就，只能依靠家人的接济生活。以前，她曾当过秘书和打字员，但最后都被迫辞职了。因为她的老板总是向她求爱，她不得不用这种方式来远离他们。她后来又找到一份新工作，但仍然以辞职告终。这次的老板对她倒是没什么兴趣，但她却因此觉得自己被轻视了。她接受心理治疗已经有八年的时间，但治疗的效果始终不明显。直到今天，她依然无法与人好好相处，也无法找到合适的工作。

要想了解一个人，必须先了解她的童年。所以治疗时，我先让她回顾了一下自己的童年生活，以此来了解她的生活风格。她是家里最受父母宠爱的小女儿。由于家里经济情况良好，所以无论她有什么要求，基本都能得到满足。听到这儿，我不禁感慨道："你得到了如此精心的照顾，简直像个公主。"她说："确实如此，很多人都叫我'小公主'。"在我的引导下，她提起了自己早期的记忆："我记得自己四岁时，曾看到外面有很多小朋友在玩耍。他们一边蹦跳一边大声喊道：'快跑啊，女巫来了！'我害怕极了。回到家后，我问女仆：'这个世界上真的有女巫吗？'女仆点了点头，说：'有的，这个世界上的每一个角落都存在女巫、强盗。'"从此以后，她开始害怕一个人待着。这种害怕每时每刻都表现在她的生活风格中。她觉得自己太弱小了，时刻需要家人的陪伴、照料。

除此之外，她又提及了另一段早期记忆："我曾学过一段时间的钢琴，当时教我的是位男老师。有一次，这位男老师想亲吻我。我吓坏了，跑去告诉了妈妈。从那以后，我就不想再弹琴了。"从这件事中可以看出，她那时就已经知道要与异性保持距离了，并在成长的过程中，对爱情一直排斥。她认为，爱情是软弱的表现，所以每当遇到爱情，就想要逃避。从某个角度来说，这种想法并没有错，陷入爱情的人，确实有很多会变得脆弱。他们沉浸在爱情的甜蜜中，但依然会有很多苦恼，他们一刻也不敢放松对爱人的关注。像这位女士这样，将逃避爱情作为性方面最终目标的人，通常都会这样想："我要成为一个强者，任何人都别想知道我的想法。"在对待爱情时，这种人要么逃得远远的，要么就直接拒绝。为了避免成为软弱的人，他们会用挖苦、讽刺等手段，对待向他们示爱的人。

这位女士就是这样，在面对爱情和婚姻时，她觉得自己十分弱小。所以在工作中，每当有男性向她示爱时，她就会焦虑不安、想要逃走。对于该如何解决这些问题，她始终毫无头绪。父母离世后，她的安全感也随之消失。亲戚们不喜欢她，更不愿意照顾她。无计可施的她只好大声抱怨，责怪亲戚们的残忍和无情。利用这种方法，她才勉强没有落到无人理会的地步。如果所有亲戚都不愿意再向她伸出援手，她一定会疯掉。利用亲戚的照顾来逃避现实生活中的各种难题，这就是她用来实现自己优越感目标的唯一方法。在她内心深处，潜藏着这样一种想法："我不应该待在这里，待在这个丝毫不重视我的星球上。我不属于地球，我属于另一个世界。只有在那里，我才是公主。"值得庆幸的是，她的亲戚现在还没抛弃她，所以她还能保有一丝理智，没有陷入疯狂。

还有一个例子，对自卑情结和抑郁情结进行了非常清晰的解读。我有一位患者，是个十六岁的女孩。这个女孩从七岁开始就有盗窃行为，十二岁时开始夜不归宿。她的父母在她两岁的时候离了婚，她被妈妈送到了外婆家。外婆对她很好，给了她无微不至的照顾。她出生时，父母的感情就已破裂，经常发生争吵。因此，对于她的到来，母亲没有任何喜悦。她也从未得到过母亲的爱，两人关系十分紧张。我和这个女孩谈话时，发现她态度十分友善。她对我说："我其实一点儿也不喜欢偷东西，也不喜欢和男孩混在一起。我之所以这样做，就是为了告诉我母亲，她管不了我。"我问她："你这样做，是为了报复你母亲吗？"她说："没错。"她想证明自己比母亲更强大，但事实却截然相反。由于缺乏母爱，她极度自卑，只好以不停惹麻烦的方式来获取优越感。由此可见，未成年人之所以会做出一些不良行为，比如盗窃，通常是出于对父母的报复。

一个失踪了八天的十五岁女孩，被找到后，在未成年人法庭上，当着众人的面编造了一个漏洞百出的谎言。她说自己被绑架了，一个男人将她绑到一个房间里待了八天。有位医生态度和蔼地询问她真相，结果遭到了她的攻击。当我见到她时，先询问了她的理想，以此来营造一种假象，让她以为我是对她的理想感兴趣，并且能够帮她实现愿望。后来，我们又谈到了她的梦。她笑着对我说："有一次，我梦见自己刚走出酒吧大门，就看到妈妈走了过来。随后，爸爸也来了。我担心他发现我，就赶紧请求妈妈，让她把我藏了起来。”显然，女孩十分惧怕和排斥自己的父亲。由此我们可以推断，她之所以会撒谎，就是为了逃避父亲的惩罚。所以，发现一个人撒谎时，应该先调查一下他的父母是怎样的人，是否对他具有过于严格的要求。一般情况下，人们选择撒谎，都是因为说真话会遭遇严重的后果。这个梦境还表明，女孩和她的母亲之前存在着合作关系。后来，她把真相告诉了我。其实那八天，她在别人的引诱下，一直待在地下酒吧里。父亲对她的要求十分严格，所以她根本不敢说真话。每时每刻，她都能感受到父亲给予的压力。只有在伤害父亲时，她才会有胜利的感觉。

该如何帮助这些无法通过正确手段获取优越感的人呢？首先，必须明白，对优越感的追求是人类的共性，每个人都会这么做。清楚了这一点，再去思考刚才的问题，就不会那么难了，因为我们可以设身处地地去体会这些人的感受，理解他们的痛苦和矛盾。显然，他们之所以会有那些糟糕的行为，是因为在追求目标的过程中，方向出现了错误。人类的一举一动，其实都蕴含着对优越感的追求，这是人类文化得以发展的原动力。从底层向上层奋斗，从匮乏向充足奋斗，从失败向成功奋斗，人类所有的行为都是沿着这条线向前迈进的。但是在现实生活中，只有那些肯付出努力，并为他人做贡献的人，才有能力面对和解决生活中遇到的一切难题。这种人努力的方式，同样可以为他人带来益处。

对人类而言，合作是其最显著的特点，是其衡量一切价值的基础。我们对行为、对理想、对目标、对个性的要求，都是为了促进人类的合作事业。在这个世界上，每个人都具有社会感，只是有的强烈，有的薄弱，就算是罪犯和神经症患者也无法否认这一点。事实上，正是因为具有社会责任感，他们才会做出为自己辩解和逃避责任的行为。只是由于自卑情结的存在，他们往往缺乏勇气，不敢去追求好的生活，并坚持认为无法通过合作取得成功。他们抛弃了真正的生活，通过和一片虚无的幻影做斗争来肯定自己。

由于社会分工不同，人们的工作目标也各不相同。我们都知道，没有完美的目标，大多数目标都会存在一些错漏。而人类的发展，往往需要不同类型的人才。这个孩子喜欢数学，那个孩子喜欢艺术，第三个孩子喜欢强健的体魄。他们都能从自己喜欢的东西中获取优越感。一个营养不良的孩子，最关心的问题肯定是如何补充营养。为此，他可能会对食物产生兴趣，并将其当作一种改善自己身体状况的有效手段。当这种兴趣得到持续发展，他就可能在相关方面取得一些成就，甚至成为营养学家或厨师。通过对一些特殊目标的研究，我们发现，一个人为获取优越感而进行的补偿动作，往往伴随着对可能性的排斥，以及对自身关联的限制。比如，哲学家要想思考和创造，就必须脱离社会，以一个旁观者的角度去看待一切。至于他们的行为是否会因此出现严重错误，则要看他的优越感中是否含有社会责任感。

第四章

童年早期记忆可以窥见人格

一个人的早期记忆是极为重要的，它不仅反映出这个人具有怎样的人生意义，还反映出这种人生意义是怎样形成的。

童年早期记忆蕴藏着丰富的内涵

研究表明，一个人的记忆是最能反映出其内心真实情况的。每个人都有记忆，它是我们最密不可分的一部分，时刻提醒着我们自身所处的环境和限制。记忆并不是偶然存在的，一个人从他接触到的无数印象中选择出来记忆的，一定是对他意义极为重大的事情。因此可以说，记忆就是每个人的生活故事。在实现目标的过程中，人们用记忆来安慰自己、告诫自己，并根据过去的经验和已经证明有效的方法，来面对未来可能出现的各种难题。

我们很容易就能发现人们是如何利用记忆来调节自身情绪的。当一个人遭遇挫折时，心情颓丧的他很容易就能联想到以前类似的经历。一个人性格悲观，那么他的记忆就很难找到快乐的色彩。反之，一个天性乐观者，他的记忆大多都是愉快和美好的。这些记忆会对他起到积极的作用，让他在面对困难时依然能够保持心情平静。由此可见，记忆也能和梦境发挥一样的作用。有些人在面对重大选择时，会梦到自己通过了某种困境的考验。这种人将选择当成一种锤炼，认为通过这种方法，可以在最短的时间内获得成功的感受。

对抑郁症患者来说，过去成功的经历有利于帮他摆脱抑郁。而一个人如果认为自己的命运十分糟糕，那么在成长的过程中，他就只会选择并记忆那些不幸的事。对个人来说，他的记忆与他的生活风格必然是保持一致的。一个人在追求优越感目标的过程中如果总感到被人轻视，那么在他的记忆中，必然充满被人侮辱的画面。不过，如果他的生活风格发生改变了，那么记忆也会随之改变。也就是说，在他的记忆中，会出现不一样画面。就算没有出现不一样的画面，他对同一件事的解读也会出现变化。

一个人的早期记忆是极为重要的，它不仅反映出这个人具有怎样的人生意义，还反映出这种人生意义是怎样形成的。根据这份记忆，我们可以做出许多判断，比如在成长的过程中，这个孩子是否曾被父母忽视或过度宠爱，是否具有与人合作的能力，他对哪种人比较感兴趣，他曾遇到什么难题，他是如何解决的。一个孩子如果先天弱视，具有看清东西的强烈愿望，那么在他的记忆中，必然有很多与视觉相关的东西。他在提及自己的记忆时也许会说："我仔细看了看周围……"或者描绘一些形状和颜色。一个孩子如果身体有缺陷，具有运动的强烈愿望，那么他的记忆就会和这方面有关。在儿童时期，一个孩子通常只会对自己感兴趣的事物记忆犹新。所以，要想了解一个人的生活风格和目标，就要先知道他的兴趣所在。综上所述，可以发现，早期记忆在心理治疗的过程中可以起到非常重要的作用。

除此之外，通过早期记忆，还可以得知这个孩子与父母和兄弟姐妹之间的关系。记忆之所以如此重要，是因为它是一个人内心思想的反映。可能在很小的时候，人们心里就已经对自身或对外界有了这样判断：“很久以前，我就已经这样了”，或“当我还是个小孩时，就已经知道世界是这个样子了”。至于记忆是否正确，则一点儿都不重要。

我们的人生观都是在早期记忆的基础上形成的，通过这一基础，我们能够找到一个人发展的源头。

早期记忆是在研究一个人的人格时必须考虑的因素。不过，当我们问及一个人的早期记忆时，他可能会说不记得了，也可能会说不记得哪件事发生在前，哪件事发生在后了。但即便如此，对我们仍有启发意义，至少可以让我们知道，他对这一话题是否有兴趣，或者他是否愿意与我们合作。人们的早期记忆通常都是一些简单的事实，并没有什么独特的寓意，所以大多数时候，人们还是很愿意提及它们的。但其实，大部分人都不太了解自己的早期记忆，不知道他们的生活目标、他们对外部环境的态度以及与他人的关系都蕴藏在这份记忆里。对我们来说，一个人的早期记忆潜藏着大量有用的信息，所以必须深入地了解它。可以让一个班级的学生分别写出他们早期记忆，然后对这些记忆加以研究。这样一来，我们就获得了一份关于儿童研究的重要资料。

我们可以用下面几个例子来证明上述观点的正确性。这几个例子中的研究对象，我们只知道他们的早期记忆，一点儿也不了解其他情况。当我们通过研究他们的早期记忆而获得一些有效信息后，可将这些信息与他们性格的其他表现方式进行对比，以检验其是否正确。这样做，有助于我们提高自身的判断能力。我们必须具有判断真假的能力，也必须明白该如何进行比较，尤其是根据某人受到的锻炼来判断他是否愿意合作，是否独立，是勇敢还是怯懦，是愿意付出还是只愿意坐享其成。

第一个例子："由于我的妹妹……"对于出现在早期记忆中的人物，必须格外留心。从这种叙述中，可以推测，她的妹妹曾给他带来不好的感受,他们之间应该是对立的关系，就像赛场上的对手一样。对一个孩子来说，这并不是什么好事，因为当他对一个人心存敌意时，就很难再对其产生兴趣，并与之合作。不过，现在还不宜太早下结论，两人的关系也可能很亲密。

"由于我的妹妹年龄很小，我必须等她长大后才能去上学。"两人的关系果然像我们推测的那样，是对立的。根据现有信息，我们可以进一步推测，研究对象可能是这样想的："妹妹太小了，我必须等她长大后才能出门。她限制了我的自由。"如果这段记忆的意义真是这样的，那我们就能很清楚地知道这个孩子的感受了，她应该是认为：

“对我来说，最糟糕的事就是受到他人的束缚，并因此失去自由。”由此可以推断，这个孩子很可能是个女孩。

“后来，我们在同一天去上了学。”这种教育方法对女孩来说是不恰当的，很可能会让她认为，因为妹妹年纪小，她就必须等妹妹。事实上，我们可以看到，女孩始终在用这个原因来解释一切。她觉得自己成了被忽视的那个，凡事必须以妹妹为先。这种想法或许会让她产生怨恨，而怨恨的对象就是她的母亲。另一边，她可能会更亲近父亲，希望得到父亲的重视。

“我还记得，我们上学的第一天，妈妈曾说她感到非常寂寞，一直在盼着我们回来。那天下午，每隔一段时间，她就要跑到大门口去张望。”通过这种描述，我们可以发现，女孩的母亲并不是个理智型的人，而女孩对于母亲的忧虑是很清楚的。她知道母亲爱她，但她依然缺乏安全感。如果继续交流下去，很可能从女孩嘴里听到，母亲是如何偏爱她妹妹的。事实上，在很多家庭中，最小的孩子都是最受宠的。通过女孩的这些记忆，可以发现，她对自己的妹妹是心存敌意的，她认为妹妹束缚了自己。由于这一原因，她在今后的生活中很可能会出现嫉妒、憎恶年轻女性的状况。这没什么好奇怪的，事实上，很多女性都害怕变老，并会对年轻的同性表现出嫉妒的情绪。

第二个例子：“我最早的记忆是三岁时参加爷爷的葬

礼。”一个女孩这样说道。由此可见，她对死亡拥有很深刻的印象。这说明在她眼里，死亡是最危险、最令人恐惧的事情。根据周围发生的事，她得出一个结论，即祖父会死亡。还可以推断出，她的祖父一定非常疼爱她。祖父母的心态通常与父母不同，他们喜欢通过孩子的依赖来获取内心的满足感。老年人很难从现代文化中感知自己的价值，所以有时，他们不得不通过一些方式来证明自己的重要，比如发脾气、动怒等。女孩的祖父非常疼爱她，所以她接受不了祖父的死亡， 这并没有什么难以理解的。

“我记得，他在棺材里躺着，一动也不动，脸色白极了。”显然，让一个三岁的孩子面对一具尸体，并不是一种合适的行为，尤其是在她毫无心理准备的情况下。事实上，很多见过尸体的孩子都对此印象深刻，甚至想出各种各样的方法来摆脱因此留下的阴影。一些孩子立志当医生，就是因为他们相信医生能与死亡抗争。也是出于这个原因，很多医生的早期记忆都与死亡有关。

女孩的视觉十分灵敏，因此清晰地记得当时的画面。她说：“我看到人们将棺材放进墓穴里，然后拉上来一些绳子。”这些细节性的描述足以证明女孩拥有敏锐的视觉。“当时我非常害怕。从那以后，每次有熟悉的人去到另一个世界，我只听到消息都会吓得发抖。”从这段描述中，我们再次见到了她对死亡的恐惧。

如果我们可以和她谈一谈，问问她将来想干什么，她很可能会回答说："当医生。"如果她回答不出来，或是对这个问题没什么想法，那么我会继续引导她说："当医生怎么样？或者当护士也行。"她对死亡充满恐惧，所以才会用"另一个世界"来代指死亡，这是她弥补心中恐惧的方法。通过她的叙述，我们可以知道，她的视觉非常灵敏，她和祖父的感情十分深厚，她对死亡拥有极为深刻的印象。这段记忆让她深刻地意识到一个事实，即每个人都会死亡。这虽然是一个毋庸置疑的事实，但我们不应该把所有目光都放在死亡上。事实上，值得我们关注的事物还有很多。

第三个例子："我的父亲在我三岁那年……"在这段早期记忆里，她最先提到了父亲，可见，与母亲相比，她对父亲的兴趣更大。孩子对父亲产生兴趣，通常是在其发育的第二个阶段。在最初阶段，孩子一般都是与母亲合作。所以按理说，她第一个感兴趣的人应该是母亲，她的心灵活动也应该是与母亲紧密联系在一起的。然而，这个女孩却对父亲更感兴趣，这只能说明，她的母亲当的不合格，她对自己的处境很不满意。之所以会这样，很可能是因为她的母亲将大部分精力都放在了后出生的孩子身上。要想证明这一点，我们必须留意她的记忆中是否出现了弟弟妹妹。

"父亲给我们买了两匹矮种马。"可见，女孩并不是家里的独生女。一定不要忽视这一点。"父亲牵着马，向我们走过来。我的姐姐，她比我大三岁……”看来，我们刚才的猜测有误，女孩的家里并没有比她后出生的孩子，她才是最小的那个。不过我猜测，她的姐姐应该比她更受母亲的疼爱，所以她的早期记忆才会是父亲为她买矮种马这种事。

“姐姐牵着马威风凛凛地走在大街上。”这是一种胜利的姿态。“我的马跑得很慢，它总是跟着另一匹马。”这里指的应该是她姐姐的马。“我被绊倒了，马拖着我一直跑。一件原本挺高兴的事就这样惨淡地收了场。”看来，姐姐在各个方面都取得了胜利。我们由此推测出，女孩心里应该是这样想的：“如果我不小心一点儿，胜利的就是姐姐。我要不想当个失败者，就必须先发制人，只有这样才能获得安全感。”女孩对父亲感兴趣的原因此时已经十分明显了，这不过是由于母亲偏爱姐姐而做出的无奈之选。

“虽然后来，在骑马这方面，姐姐没有我擅长，但那次的经历却始终深深地印刻在我的脑海里。”至此，我猜想的都得到了证实。我们可以清楚地看到，两姐妹之间存在竞争关系。妹妹认为：“我不能总让姐姐占据上风，我必须超过她。”我之前就说过这个问题，年龄小的孩子通常都比较好胜，因为他们大多都有哥哥或姐姐，且会与这些比自己年长的人形成竞争关系。这个女孩就是这样，那些经历让她意识到：必须时刻占据领先的地位，让他人占据上风会十分危险。

第四个例子：“我有一个姐姐，她比我大十八岁。我记得，她经常带我参加各种宴会和社交活动。”这句话表明，女孩很小的时候就已经意识到自己身处于社会中了。与其他人相比，她应该更喜欢合作。她的姐姐比她大了十八岁，在她面前就像母亲一样。在整个家庭中，她的姐姐应该是最疼爱她的人。在姐姐的引导下，她对身边的人十分感兴趣。

“我只有这一个姐姐，剩下的四个都是哥哥。所以，姐姐在我出生后很喜欢带我到处去炫耀。”我们之前的推测似乎有些错误。一个孩子如果被当成是炫耀的工具，那么她通常会对“获得他人的赞美”更感兴趣。“当时我还很小，姐姐带着我出入各种场合。我唯一清楚记得的是，姐姐那时候总爱逼我说话，她经常说‘快和这个姐姐说说，你叫什么名字’这样的话。”这种教育方法显然不对，孩子很容易因此患上口吃或者其他语言障碍。过度关注一个孩子说话，往往会给他造成巨大压力。他会把注意力都放在自己身上，以期不让他人失望。当他无法承受这种重担时，就可能变得口吃，无法与人正常交流。

“我记得，当我无法按他们的要求说出话来时，就会受到责备。所以，我非常讨厌出门和与人交流。”看来，我们之前的推测犯了很大的错误。她的早期记忆想要表达的其实是这样的思想：“我一点儿也不喜欢和姐姐一起去参加那些社交活动，因为几乎每次都会发生一些令我不快的事。”我们可以发现，这个女孩直到今天依然讨厌与人交流。她对这种事简直深恶痛绝。她不想再成为别人炫耀的工具，所以尽管她十分重视自己的行为，但却从不愿出头去承担压力。儿时的经历让她将自己包裹了起来，成了一个独特的、难以交流的人。

第五个例子：“我四岁的时候发生了一件事，这件事给我留下了很深的印象。我记得，当时我的曾祖母来看望我们。”之前我们说过，祖父母一般都很疼爱孙辈，但曾祖父母对待孙辈的态度如何，却没提过。“她到了我家后，我们打算拍一张四世同堂的全家福。”女孩最初的记忆和自己的家庭有关，可见，她对自己的家庭十分感兴趣，应该是一个非常依恋家庭的孩子。这种推测如果正确，那么在家庭之外，女孩就会觉得无所适从。

“我记得很清楚，那天，我们开车去了另一个城镇的照相馆。到了那儿后，我换了一件上面绣着白花的外衣。”这个女孩的视觉应该也十分灵敏，“第一张照片拍的是我和弟弟，第二张照片才拍全家。”这里，我们再次看到了她对家庭的兴趣。弟弟也是家里的一员，他们之前应该有很多联系。女孩再次回想起当时的情况：“弟弟在我旁边一把椅子的扶手上坐着，手里拿着一个红色的球。我在旁边站着，什么都没拿。”现在，我们可以看出女孩心里是怎样想的了，她在暗示自己：“弟弟更受家人的宠爱。”我们很容易就能够想到，弟弟出生后，她在家人那里就失宠了，所以她很讨厌弟弟的到来。她继续说道：“他们让我笑一笑，但我一点儿也不想笑。他们把红色的球给了弟弟，而我却什么都没得到。”

“拍全家福时，大家都摆出了最好的姿势，只有我，脸上毫无笑容。”这是女孩的抗议，她觉得自己受到了不公正的待遇。她在描述这件事时，经常强调家人对她的态度。“弟弟听话又聪明，他按大人们的要求，笑得很开心。但是，我却一直都不喜欢那张照片。”

这个例子让我想到大多数人对待人生的态度，他们常常用一种已经形成的印象去解释所有事。就因为这段不愉快的经历，女孩开始讨厌照相。可见，人们在解释为何讨厌某事时，通常会以自身经验作为依据。女孩这段早期记忆告诉了我们两点：一、她的视觉非常灵敏；二、她很依恋自己的家庭，这点更为重要。她的大部分早期记忆都与家庭有关，所以当她步入社会后，很可能会感到无所适从。

第六个例子：“我最早的记忆是我三岁半时发生的一件意外。那时候，我很喜欢苹果酒。家里的女佣为了讨好我，就把我带去了地窖。”对这个女孩来说，到地窖里去找苹果酒应该是一件颇为有趣的事。在她眼里，这次经历就像是一场冒险。因此，我们可以推测，这个女孩是个很勇敢的人，她喜欢探索新环境，认为那样很有趣。但是，这次的经历也说明，人们是很容易受人引诱而走向堕落的。我们再来看看这次经历的后续，以便作进一步的分析。“我们自己动手，喝了很多苹果酒。”这确实是个勇敢的女孩，而且还很独立，“没过多久，我们就觉得双腿发软，连站都站不起来了。我们把苹果酒撞翻了，酒洒在地上，又湿又滑。”此处，我们可以清楚地看到一位禁酒主义者的诞生，“或许就是因为这件事，我现在都很讨厌苹果酒，以及其他酒精类饮品。”因为一次意外，她的生活风格发生了改变。按理说，这件事应该不会引发这么大的影响。但女孩却坚持认为，她抗拒酒精类饮品就是因为这件事。

通过这件事，我们可以发现，这个女孩非常独立，而且善于学习，并能知错就改。她在日常生活中应该也是这样的人。她似乎在说：“我虽然犯了错，但已经及时改正了。”如果真是这样，那就说明她拥有一种值得我们学习的、积极向上的生活风格：她独立又勇敢，而且能够不断地改正错误，完善自己。

早期记忆对人一生的影响

要想彻底了解一个人的人生意义，最好的办法是通过他的记忆。一段记忆无论多么短暂，都代表着一件值得回想的往事。一般情况下，只有那些在我们的生命中产生过重要影响的事才能被记住。记忆已经暗中为这些往事写好了标签，告诉我们：“这是你想逃离的事”，“这是你在盼望的事”，“这就是你的生活”。每个人都必须承认，你头脑中的记忆，无论好坏，都有其纪念意义。

孩童时期的记忆，对于了解某个人最初生活风格的形成环境和存续时间，具有极为重要的作用。之所以这样说，有两个原因：一、通过这些记忆，可以了解一个人在生命初期，对其所处的环境有着怎样的印象，这份记忆是他将自己的外貌、对自我的了解、他人对自己的态度等方面综合起来的结果；二、这份记忆是一个人的第一个主观意识，同时也是他为自己的人生所做的记录。

通过这份记忆，可以知道他是如何评价自己的。这种评价可能和其他人对他的评价截然不同。他在别人眼里或许是强大和让人有安全感的，但在自己眼里却是脆弱和岌岌可危的。对心理学家而言，人们会不会将这份记忆当作早期生活的真实记录并不重要，重要的是一个人在叙述这段记忆时，是如何解释和评价它，对于他现在及未来的生活，这份记忆又造成了怎样的影响。

下面我们要举几个与早期记忆有关的例子，看一看这份记忆会对人们的人生意义造成怎样的影响。例如，一个女孩在回忆起童年生活时这样说道：“我太倒霉了，咖啡壶掉下来，把我烫伤了。”她的脸上满是无奈和悲伤。不必感到惊讶，生活中随处可见这样的事，那些总是无法摆脱孤独无助感的女孩经常这样抱怨，责怪别人没有照顾好自己。事实上，在我们的生活中，经常有粗心的大人将自己脆弱的孩子置于危险之中。

在另一个与早期记忆有关的例子里，也有这种情况。一个孩子回忆说："我朦朦胧胧地记得，我三岁时曾直接从婴儿车里掉下来。因此，我经常梦到世界末日时的景象。在睡梦中，半夜醒来的我会看到漫天火光，星辰坠落，地球即将与另一个星球相撞。不过，在地球毁灭之前，我就被吓醒了。"当我问她最害怕的是什么时，她说："我最害怕在生活中遭遇困难。"从这个答案中可以看出，对她来说，最初的记忆和这份记忆带来的噩梦，令她对灾难、困难充满畏惧。这就是早期记忆对她的影响。

还有一个十二岁的男孩，因为经常尿床，以及总是和母亲发生争执，不得不入院进行治疗。他在提及自己最初的记忆时说："有一次，妈妈以为我走丢了，非常担心，在大街上不停地叫喊我的名字。但其实，我只是躲在了衣柜里。"通过这件事，我们推断出这个男孩的人生意义就是制造问题来引起关注，并利用欺骗的方式获取安全感。他总是被忽视，所以就喜欢用愚弄别人和常常尿床这样的方式来获取关注。他对人生意义的这种解读，在他母亲表现出着急、担心、害怕等情绪时，得到了进一步的稳固。这个男孩和上一个例子的主人公一样，很早就在心里认定了一点，即生活中充满危险，只有让别人担心自己，他才会有安全感。他认为，必须通过愚弄人、尿床这样的方式，才能在自己需要时得到别人的保护。

另一个三十五岁的女性，她的早期记忆是这样的："我曾在十三岁时一个人进地窖。地窖里黑极了，我沿着楼梯一步一步地走下去。这时，比我大一点儿的堂兄突然开门走了进来，把我吓坏了。"通过这段记忆，我们可以看出她是一个孤僻的女孩，不喜欢和其他孩子一起玩耍，尤其是男孩子。根据这一点，我推测她是独生女，事实证明一点儿错都没有，而且直到现在她还没有结婚。

下面这个例子则能让我们对社会感的发展有所体会。一个女性回忆说："我记得，妈妈曾让我推婴儿车，车里坐着我的妹妹。"从中可以看出，她喜欢和比自己弱小的人待在一起，只有这样，她才会感到快乐，而且她对自己的母亲充满依赖。让大孩子去照顾比他更幼小的孩子，对一个家庭来说，算是最好的教育手段。这样一来，大孩子就会对弟弟妹妹产生兴趣，并乐于去照顾他们。这时，就算父母将所有精力都放在了更幼小的孩子身上，大孩子也不会因此产生怨恨，并认为弟弟妹妹对他的地位产生了威胁。

另外，喜欢和某人在一起，并不能证明你就对他感兴趣。有个女孩，她的早期记忆是这样的："我和姐姐以及另外两个女孩一起出去玩。"从这件事中明显可以看出，她喜欢和人交往。不过，当我问她“最害怕的事”时，她回答说：“我最害怕周围的人不理我。”这个答案让我对她有了一个新的认识，即她的独立性很差。由此可以推断，这个女孩并非喜欢与人交往，而是害怕孤独。

有问题的人，往往出自有问题的家庭

我们可以用以上这些例子来锻炼自身的推导能力。不过，要想知道我们推导的是否正确，还要了解这些人其他方面的表现。现在，再举几个例子，看看该如何从一个人其他性格表现中获得有用的信息。

第一个例子：一个患有神经焦虑症的三十五岁男人，每次离开家时，都会陷入焦虑中。他之前也做过一些工作，但根本没办法安心地待在办公室里。他必须回到家和母亲待在一起，心灵才能平和下来。在提到自己的早期记忆时，他是这样说的：“我四岁时常常在窗户前面坐着，观察那些在大街上努力工作的人，我觉得那很有趣。”这说明，他喜欢以一种旁观者的角度去观察工作中的人。要想改变他的生活风格，就必须让他摆脱自己不能和别人一起工作的想法。过去，他一直认为自己是靠他人的帮助来生活的。这种观点显然是错误的，必须让他明白这一点，才可能改变他的人生观。想要依靠药物或手术来改变他是不可能的。事实上，我们应该做的是，进一步研究他的记忆，找出其兴趣所在，然后劝他从事这方面的工作。通过观察我们发现，他有非常严重的近视，必须集中注意力才能看清周围的东西。所以，每当工作出现问题时，他的注意力都在“观察”上，而不是在工作上。不过，这已经不重要了，因为他的病症已经治好了。后来，他开了一间画廊，开始用自己的方式来实现自身价值。

第二个例子：我有一个患者，是个三十二岁的患有癔症性失语症的男人。他在过去的两年里只能发出一些微小的声音，无法像正常人一样说话。最开始时，他在街上踩到香蕉皮摔了一跤，然后又撞到了出租车。之后两天，他一直在恶心呕吐，此后就患上了偏头痛。他应该是得了脑震荡，但这并不会夺走他说话的能力。事发后的八天时间里，他一直说不出话来，于是就将出租车司机告上了法庭，要求对方承担责任，并让出租车公司赔偿他的损失。不过直到今天，这场官司还没有结果。如果他真的因这次事故失去了某项能力，那么在诉讼中显然可以占据更加有利的境况。没有人能够指控他诬陷，因为他确实无法正常说话了。他在这次事故后应该已经发现，自己的语言能力出现了问题，但当时却未重视。

他曾接受喉科专家的检查，但并没有发现什么问题。在提到自己的早期记忆时，他是这样说的：“我躺在摇篮里，摇篮晃啊晃啊，突然从钩子上脱落掉在了地上。我摔下来了，而且还受了伤。”没有人会喜欢摔倒，但他总是强调这件事。可见，他认为摔倒是一件十分危险的事，他的所有注意力都在这件事上。“我摔下来后，妈妈急匆匆地跑进房里，看起来很慌张。”他在吸引母亲的注意力，用这种摔倒的方式。从这段描述中，我们还能发现，他对母亲心存埋怨，认为她没有好好照顾自己。事实上，他怨恨出租车司机和出租车公司也是同样的道理，他觉得对方没有好好照顾他。通过这种生活风格，我们可以推断出，他小时候应该非常受家人的宠爱，而且一直希望得到他人的照顾。

“五岁时，我又从楼梯上摔下来了。那个楼梯足有六米高。之后有五分钟的时间，我都说不出话来。”由此可见，他的语言功能很容易出问题，而且从很小的时候开始，他就已经将摔倒和失语这两件事联系起来了。虽然我们知道，摔倒并不是令他丧失语言能力的真正原因，但他却坚持这么认为，甚至养成了一摔倒就无法说话的习惯。要想改变他的观点，并彻底治好他，我们就必须让他明白，摔倒和失语之间并不存在必然的联系。尤其是出租车事件后，他足足有两年的时间都说不出话来，这显然不合常理，就连他自己都感到异常了。事实上，要想找出造成其失语的真正原因，我们还是应该从他的记忆下手。“妈妈着急忙慌地跑进来，似乎吓坏了，非常慌张。”

这两次意外吓到了他的母亲，令她更加关爱他了。由此可以推断，这位患者的目标就是吸引他人的注意力。当他遭遇不幸时，就希望有个人能出来承担责任。大部分被宠坏的孩子在遇到意外时，都会这么想，这点很容易理解。只是，每个孩子的具体做法都不相同。像这位患者，就是用失语的方式来达成自己的目标。这种方法是他独有的，已经完全融入了他的生活中。

第三个例子：一个二十六岁的青年男子经常向我寻求帮助。他最大的困扰是无法找到自己喜欢的工作。他八年前在父亲的帮助下成了一位经纪人，但他始终不太喜欢这份工作，所以就在不久前辞了职。他一直想找一份新工作，并为此付出了很多努力，但始终没有成功。他说自己现在经常失眠，甚至产生了自杀的念头。刚辞职那会儿，他曾前往另一座城市工作，但没过多久，他的母亲就生病了，他不得不回到原来的城市。

通过这段描述，我们可以发现，他的母亲很疼爱他，而他的父亲则较为严厉，他的种种行为很可能是对父亲的反抗。我们后来又知道，他是家里最小的孩子，而且是唯一的男孩。他上面有两个姐姐，这两个姐姐总是命令他，而他的父亲也对他很挑剔，总是指责他。在这个家庭中，他承受着非常大的压力，唯一疼爱他的人就是母亲。

他十四岁时才开始上学。后来，他的父亲想要收购农场，就将他送进了农业学校，以便毕业后帮家里的忙。可是，他一点儿也不想当农民，尽管他在学校里的表现很优秀。之后在父亲的帮助下，他成了一位经纪人。他虽然也不喜欢这一行，但却坚持了八年。据他所说，这完全是为了他的母亲。

他小的时候懒散又怯懦，害怕黑暗和一个人待着。一个懒散的孩子，他的身边一定有一个照顾他的人；一个怕黑、怕孤独的孩子，他的身边一定有一个陪伴安慰他的人。对这位患者来说，他的母亲就是那个人。他认为与人交往并不是件容易的事，但他却能和每个人都相处得很好。他不想恋爱，也不想结婚，因为他觉得婚姻根本无法使人获得幸福。他认为，自己父母的婚姻就证明了这一点。

他父亲想逼迫他继续留在经纪人的职位上，但他却对广告行业产生了兴趣。他想做自己喜欢的事，但他知道，这样一来，就不可能从家里获得物质和精神上的支持了。他的每个行为都在反抗自己的父亲。做经纪人时，他攒了不少钱。利用这些钱，他完全可以从事自己喜欢的行业，去学习如何当一位广告人。然而，在此之前，他却并没有这种想法。只有想要反抗父亲时，他才会将其当成一把尖锐的武器，用来与父亲抗争。

他的初始记忆告诉我们，他在童年时期受到了过度宠爱，而且他一直在试图反抗自己的父亲。他记得自己曾在父亲开的饭店里工作，他喜欢刷盘子，并喜欢把它们从这张桌子上搬到那张桌子上。可是，父亲极不喜欢他这样做，曾当着众人的面生气地扇了他一巴掌。就是这一巴掌，让他对父亲生出了抗拒。这种抗拒随着他的成长越来越严重，最后甚至演变成了战争。只要能让父亲受伤，他就会感到心满意足。至于工作，则一点儿都不重要。

还有他的自杀念头，也很容易解释。一个人之所以会想自杀，通常是想用这种行为进行谴责。这位患者每次想要自杀时，都将原因归咎于父亲的凶狠暴躁上。他认为自己的工作如此不顺，全都怨父亲。只要是父亲提出的意见，他都表示反对。但他自小被别人照顾，又没有能力仅凭一己之力就创立出一番事业。他并不是真心地想要工作，更多地是将它当成一种游戏。可是，他的母亲又很疼爱他，为了与母亲合作，他必须表现出一副很想找工作的样子。至于他的失眠，也是由对父亲的反抗造成的吗？

一晚上不睡，第二天他就没办法集中注意力工作。这样一来，父亲就会感到失望和生气。他原本可以直接说“我不想工作，不想被限制在一个职位上”，但只要想到母亲和家里的经济条件，他就张不开这个嘴了。他没办法直接放弃工作，因为这会让家人觉得他一点儿用也没有，并因此不再帮助他。所以，他必须为自己找个借口，这个借口就是“失眠”。

刚开始时，他说自己没有做过梦，后来，他又提到自己经常梦见一个人往墙上扔球，每次球都会被弹回来。这个梦看起来并没有什么奇特之处，该如何将它与患者的生活联系起来呢？我问他："后来又发生了什么？你是怎么看待球被弹回来这件事的？"他说："球弹回来时我就醒了，每次都这样。"

现在，我们可以很清楚地知道是怎么一回事了。其实，这个梦就是一个闹钟，让他从睡眠中醒来。在他的想象中，每个人都在逼迫他向前，去做那些他不喜欢的事情。当他梦见有人向墙上扔球时，他就会醒过来，并且难以再继续入眠。这样一来，第二天他就没有精神工作了。他在利用这种方式委婉地向父亲表示反抗。表面来看，这种行为好像很聪明，但事实上，不管是对自己还是对他人，都无益处。所以，我们必须帮他改正过来。

在这之后，他就没再做过这个梦。因为他已经把这个梦说出来了，而且也明白我已经看穿他的伎俩了。不过，由于他仍然希望自己第二天没有精神，所以他还是经常失眠。要想彻底解决这个问题，唯一的办法就是让他和他的父亲握手言和。他必须把自己的精力从反抗父亲上转移到别的地方，才有可能痊愈。在这对父子之间，我是比较支持这位儿子的。我对他说："你的父亲做得确实不对，他不应该像现在这样处处限制你。他自己可能也有问题，应该接受治疗。但是，你必须明白一点，你是不可能改变他的。这就好比天要下雨，最好的办法就是打伞或者坐出租车，因为你没办法和雨对抗。现在，你反抗你的父亲，其实就像是在反抗雨水。我相信你有这个能力，但这么做对你自己同样是一种伤害。”我分析了他的各种表现，比如他在工作上的犹疑、偶尔产生的自杀念头、离家出走、失眠等，然后告诉他，他在伤害自己父亲的同时其实也在伤害自己。

我建议他今晚睡觉时抱有一种自己随时会醒来的念头，我对他说：“这样一来，你明天就会非常疲惫，无法工作。你可以想象一下，你父亲到时会有什么样的反应，估计会非常生气。”我这样做是希望他能够面对现实，认清自己每天的注意力都放在了如何让父亲受伤上。我们要想治疗他，就必须先想办法停止这场战争。我们都知道，他就是一个被宠坏了的孩子，他自己也知道这一点。

这个例子和俄狄浦斯情结有些相像。这个年轻的患者过于依赖自己的母亲，却总是想要伤害父亲。当然，这和性别没什么关系，完全是因为母亲很疼爱他，而父亲对他过于严厉。他没有正确地判断自身的处境，因此形成了扭曲的生活风格。所以即便是血缘关系，也无法阻挡他对父亲展开报复。他的所作所为是环境逼迫出来的，这和出于本能而杀害了部落酋长的野人截然不同。每个孩子如果都像他这样，一边享受母亲的溺爱，一边饱受父亲的压迫，最后都可能走上和他一样的道路。

其实，我们很容易就能发现，他之所以会形成如今这样的生活风格，是因为他虽然一心想要反抗父亲，但却始终没有能力脱离父亲的帮扶。

第五章

从梦中寻找隐藏的自己

人们通常只有在现实中遇到困难，并背负了巨大压力时，才会做梦，以期在梦中解决问题。换句话说，一个人做梦的最大目的，就是解决眼前的问题。

人为何会做梦

在个体心理学中，整体应包含两部分，一部分是意识，另一部分是潜意识。意识部分由行动、态度、记忆共同组成，潜意识或半潜意识部分就是梦。

每个人都会做梦，却没有多少人了解梦。不得不说，这真是一件令人奇怪的事情。梦是一种心灵活动，它频繁地出现在我们的生活里，引人探究。但是，在现实生活中，很少有人能够了解梦的真正意义。在一些人眼中，梦是具有重要意义的，它通常隐藏着一些巨大的秘密。因此，他们十分重视梦的内容。人类对梦的兴趣和研究，最早可追溯到远古时代。但人们对梦始终一知半解，不知道为何会做梦，也不知道为何会在梦中做出这样或那样的行为。据我所知，现在能够科学且清楚地解读梦之意义的学派只有两个，一个是弗洛伊德学派，一个是个体心理学派。而这两个学派中，只有个体心理学敢向世人保证，自己的解释是完全符合科学的。

对于梦，古人也进行了很多解释和分析，这种解释和分析虽然不够科学，但依然具有较为重要的意义，因为它体现了古人对梦的理解，以及对待梦的态度。梦是人类内心的一种创造性活动，人类对梦的想象有助于我们寻找梦的目的。

稍加研究就会发现，人们似乎经常将梦当成对未来的预测。他们认为，自己的祖先，或者神灵、仙人，可以利用梦来指点和帮助他们。在古代一些解析梦的著作中，人们常常将梦与做梦者的命运联系在一起。一些原始部族，同样将梦当成对未来的预测，或者对即将发生的事情的预兆。

希腊人和埃及人经常到神庙中去跪拜，以期能够得到神灵借助梦境给予他们的指引。在他们眼里，这种富有指引意义的梦是治疗病痛的良方。美洲的印第安人对梦同样重视，为了得到梦的指引，他们经常举行包含斋戒、沐浴、执行圣礼等行为的复杂宗教仪式。做过梦后，他们会对梦进行解析，然后根据这些解析来确定自己的行为。在《旧约》中，梦一直预示着未来。哪怕到了今天，依然有不少人这样认为，他们信誓旦旦地说，自己做的很多梦都应验了。他们相信，在梦中，自己拥有预测未来的能力，梦可以将他们带到未来的某一时刻，目睹即将发生的事情。

从科学的角度来看，这些观点显然都很荒谬。刚开始研究梦时，我就已经明白，那些能在清醒时实现自我控制的人，要比那些试图借助梦境预测未来的人强大得多。梦和未来并不存在必然的关联，也就是说，人是不可能借助梦境预测未来的。事实上，当我们陷入梦中时，思维通常都是混乱的。可即便如此，依然有很多人相信，梦和之后发生的事之间存在关联。关于这一点，我们应该重视起来。其实，从另外一个角度来说，这种观点也有成立的可能。一个人如果能够保持理智、客观地看待自己的梦，那么或许会发现，平常被我们无视的一些小事，在梦中被放大了。一些人认为，对梦的解释和分析，可以帮我们找到解决问题的办法。这种人做梦的目的，通常是为了从梦中获得指导。但要注意，这并不代表梦对未来能够起到预言作用。要想治疗这种人，必须先弄清他想解决的是什么问题，以及他到底想从梦中获得怎样的指导。其实，清醒时想到的方法才是最好的，梦中想到的方法根本无法与之相比。事实上，人们真正想要的不过是在梦中就能轻松地解决现实问题罢了。

梦的真实面目

自二十五年前起，我就已经开始研究梦的意义了。那个时候，这还是一个极大的难题。我认为，对个体来说，梦应与他清醒时的活动保持一致，就算有差距，也不会太大。一个人，白天清醒时努力寻求优越感，那么到了晚上，在梦里也会如此。大多数人梦里的目标和梦外的目标都是一致的，就像之前提到的寻求优越感的目标，其在梦中的活动更像是为完成这个目标而做的努力。因此可以说，梦反映的就是我们的生活风格。每一次做梦，都是对生活风格的加固。

我们可以通过以下这种情况来了解梦的目的。一般情况下，早起后，人们就不会再记得自己做过什么梦了，就像根本没有做过梦一样。但是，我们真的忘得一干二净了吗？其实没有，梦中的感觉被保留了下来。这时，要想对梦进行解析，就成了不可能的事，因为我们只有感觉，没有内容可分析。不过，这份遗留下的感觉里就蕴藏了梦的目的。个体的感觉与他的生活风格必然是保持一致的。而白天清醒时的心理活动与晚上睡梦中的心理活动，即便有所差异，也不会太大。这种差异可以简单地概括为，梦中的情景与现实产生了距离，但无论如何，它都不可能完全脱离现实。即便是晚上睡觉时，我们也依然处在现实中。关于这一点，下面几种情况就是很好的证明：即便是在睡梦中，人们也会受到外界的干扰，当外界干扰过大时，人们的睡眠质量就会下降；一个人就算睡着了，也会下意识地控制自己的身体，以免掉下床去；当一个母亲疲惫地睡着时，大街上发出很大的噪声，她也不会醒，但她的孩子稍微动一下，她就会立即醒来。由此可见，即使在睡梦中，人与外界的联系也不会断开，只是和清醒时相比，次数变少了，程度也变轻了。我们在梦中感受不到社会的压力，因此可以完全忽略外部的环境。

要想保证睡眠质量，就必须放松身心，坚信可以找到解决问题的办法。梦对睡眠也是一种干扰。其实，人们通常只有在现实中遇到困难，并背负了巨大压力时，才会做梦，以期在梦中解决问题。换句话说，一个人做梦的最大目的，就是解决眼前的问题。那么，在睡梦中该如何解决问题呢？现在我就来说一说。我们在现实中遇到的难题，到了梦里，由于没有了现实环境的束缚，会变得简单。所以，解决问题的方法通常也不会对做梦者有太高的要求。做梦，其实是我们对生活风格表示支持的一种手段，它能刺激我们的身体，让身体与我们的感情连接起来。可是，为什么我们的生活风格需要支持呢？难道它受到了什么东西的威胁吗？事实上，能够威胁我们生活风格的只有现实和常识。所以，做梦就是为了保护我们的生活风格，让其免受现实生活的威胁。我们经常能够看到，当一个人在现实生活中遇到某个难以解决的问题时，晚上做梦就会梦到，而这个梦通常会激发起他的某种情感，令他坚定自己的态度。

乍看之下，这种行为与社会现实好像是对立的，但实际上并非如此。人们清醒时和做梦时的感觉其实是一样的。在现实生活中，当某人遇到问题时，如果无法用常理来解决，他就会试图寻求一些特殊的手段。同时，为了证明这种手段是有效并合乎情理的，他会寻找各种证据。比如，当一个人想要发财却不愿意付出任何努力时，他就可能迷上赌博。他不是不知道这种行为很危险，可能让他一无所有，但依然心存侥幸。金钱已经占据了他所有的理智。他一心想要过上那种有豪车、有美食、有锦衣的奢华生活，这种幻想引诱着他走上了赌博的道路。这种事在现实生活中很常见。例如，有人在我们工作时提到一部正在上映的好电影，那我们就会想要抛下工作立即跑到影院去。相恋的两个人，通常会对未来充满幻想。心态积极乐观的人幻想出的画面都是幸福美好的，而心态消极悲观的人则刚好相反，都是沮丧悲惨的。但无论如何，这种感情总会被激发出来。通过其想象的画卷，我们可以判断他是哪种人。

如果一个梦只剩下感觉，那它对现实能造成怎样的影响呢？一般情况下，梦与常理都是相对立的。一个人如果从不相信感觉，始终坚持用科学的方法来解决问题，那么他做梦的概率会很小。反观那些不喜欢遵循常理的人，通常不愿意用科学的方法解决问题。常理是合作的一部分，那些不擅长合作的人大部分都不喜欢常理。做梦对他们来说，就像家常便饭一样。在现实生活中，他们根本没有勇气直面困难，而且总是很担心自己的生活风格遭到否定。由此，我们得出一个结论，即梦是个体想在生活风格和现实之间建立一种联系，而又不愿意对生活风格做出调整时的一种表现。对个体而言，他的生活风格不仅可以激发起个人的感觉，还可以支配他的梦。一个人会梦到什么东西，通常受其行为特征的影响。不管做不做梦，我们在面对问题时，都会采取同样的解决方法。但是，对于我们的生活风格，梦却可以提供一种支持。

这种观点如果是正确的，那么在对梦的研究中，我们就取得了一项重要成就。对我们来说，梦是一种自我欺骗、自我麻痹、自我催眠的手段，它最主要的目的就是让我们产生一种准备好应对某种问题的感觉。我们在现实中是什么性格的人，在梦里也是同样性格的人。不过在梦中，我们似乎想对这种性格进行加工，使其成为白天所需的各种感情。上述内容如果是正确的，那么通过梦的结构和其运用的方法，我们就可以发现，这完全是一种自我欺骗的行为。

综上所述，我们有什么发现呢？首先，我们发现了之前已经提到过的某种选择，对梦中景象、事件和各类意外的选择。当我们回忆往事时，其实就是在对自己过去经历的场景、事件进行整理。而所谓的选择，就是我们顺从自己的内心，从这些过去的回忆中挑选出能够帮我们实现优越感目标的片段。在筑造梦时，我们选择的事件必须与我们的生活风格保持一致，并能在遇到困难时，体现出生活风格对我们的要求。这种选择，其实就是我们的生活风格与遇到的困难建立起联系的结果。在梦中，我们的生活风格是主宰，支配着一切。但在现实生活中，我们必须运用常理才能解决问题。

梦是由隐喻和具有象征意义的符号构成的。这一点，在古代的时候就已经为人们所发现，后来，又得到了弗洛伊德的强调。正如一位心理学家所说："每个人在梦里都是诗人。"但是，为何梦不用简单的语言来表达，而非要用隐喻和符号呢？这是因为，直接用简单的语言来表达必然会受到常理的束缚。隐喻和符号可以象征任何意义，有时也会同时表达两件事物，其中一件可能是虚构的。它们的外在表现和得出的结论可能都很荒诞，但不管怎样，最后都能够激发起我们的某种情感。在现实生活中，这种情况很常见。例如，当我们想让一个人改正错误时就会说："不要像个孩子一样！"或者"不要像个女人似的，哭哭啼啼！"利用比喻的方式，人们可以通过任何不相干的东西来表达自己的情感。比如，一个高大壮硕的男人被一个小个子男人惹怒时，他可能会说："你就像个毛毛虫一样，只配在地上爬。"这个比喻可以让我们清晰地感受到他的愤怒。

隐喻是一种语言工具，能够起到非常神奇的作用。不过，我们在利用它时，常常会自我欺骗。荷马在描写希腊军队时，称他们是战场上的雄狮。这是一种非常夸张的说法，因为现实中，那些士兵满身脏污，累得几乎只能在战场上爬行。他之所以将这些战士比喻成雄狮，不过是想在我们心中树立起一种威猛的形象。事实上，我们很清楚这些士兵不是狮子，但这并不妨碍我们为这些诗歌所感动。诗人并没有将那些琐碎的细节描述出来，他没有写那些士兵如何疲惫、如何喘着粗气、汗流浃背，也没有写他们身上的盔甲有多么破旧、在遇到危险时有多么狼狈。利用比喻，我们可以将一些东西美化，也可以对一些东西进行想象，还可以只是单纯地幻想。不过，必须注意一点，一个人的人生意义如果是错误的，那么不管什么时候，他对隐喻和符号的使用都会是一件危险的事。

对学生来说，参加考试并不是一件困难的事，因为他只要在事前鼓起勇气，以自己全部的力量去面对就可以了。但是，如果他根本不敢直面这场考试，就可能做一个与人战斗的梦。就这样，他将一个本来很简单的问题用非常复杂的隐喻描绘了出来，这样他就有了正当的理由去害怕和逃避。他也可能会梦到自己站在悬崖边上，只有后退才能避免粉身碎骨。他必须激发某种情绪来帮他逃避考试，因此，他将考试比喻成悬崖，以此来欺骗自己。

从这个例子中，我们还发现了一种在梦中经常出现的方法，即对一个问题进行精简，使其只剩下一部分，然后用隐喻的方式将这部分表现出来，接着再把它当作原来的整个问题解决掉。例如，一个富有勇气、目光长远的学生，不仅不畏惧考试，还一心想在考试中名列前茅。他的生活风格让他渴望得到支持和对自身的再度认可。他在考试前就可能梦到自己站在山顶上。这个场景极为简单，显示的只是他整个生活环境的一小部分。他极为重视自己的问题，一心想要获得成功，因此将这个问题的很多方面都给摒弃了。所以，他只激发了有利于自己的感觉。第二天，他醒来后觉得神清气爽、勇气倍增，心里十分高兴。不过，虽然他觉得好像重新认可了自己，但实际上这只是一种自我欺骗。因为他并没有用常理的方式去面对整个问题，仅是利用做梦的方式，激发了一种自信的情绪。

在现实生活中，我们经常能看到一些激发情绪的行为。例如，某些人在过河前可能会高喊一二三。为何要喊这几个数？它们很重要吗？与过河存在必然的联系吗？显然不是，过河和数数其实没有任何关系。数数的目的，是为了激发某种情绪，让大家将力量团结起来。为了强化我们的生活风格，并将其付诸实践，人们的心中存在着各种各样的方法，激发情绪就是其中之一，而且是最重要的那个。这项工作我们每天都在做，夜晚时尤为明显。

利用做梦的方式，人是怎样进行自我欺骗的呢？下面我们就来说说这个问题。战争时期，我曾在一家专门收治精神病战士的精神病院担任院长。这些患者都已经无法再参加战斗，为了让他们感到轻松，我尽量让他们做一些简单的工作。这种安排效果十分明显，士兵们紧张、焦虑的感觉明显减轻了。有一位身体健壮、情绪却很低落的士兵，曾接受我的治疗。为他做过检查后，我一直无法确定该怎样帮助他。我当然希望所有患病的士兵最后都能回到家中，但是，我的诊断书必须经过一位高级军官的批准才能生效，我也不可能帮到每一个人。对我来说，给这位士兵下诊断书并不是件容易的事。最后，我对他说："你患了精神方面的疾病，但你的身体还很健康，我会为你安排一份轻松的工作，这样你就不用再上前线了。”

这位士兵请求我说：“我是一位老师，家里条件很不好。我的父母岁数都很大了，如果我不回去，就没有人能够养活他们了。我必须回去当老师，挣钱维持生计，否则他们会被饿死的。”我觉得可以将他送到军事机关去做一个更轻松的工作，但我担心，那位高级军官看到我的诊断书后，会大发雷霆，并再次派他到前线去参加战斗。最后我决定，在给这位士兵下诊断书时，尽量按实际情况填写，证明他只能胜任一些防御性工作。那天晚上，我做了一个很吓人的梦。我梦见自己在一条路上不停地跑啊跑，那条路很狭窄，而且一点儿光亮都没有。我知道自己是一个杀人凶手，但却不记得杀了谁。当时，我满脑子都在想：“完了，我成杀人凶手了，我要死了，一切都完了！”在梦里，我吓坏了，出了一身的冷汗。

醒来后，我第一个想到的是：“我究竟杀了谁？”经过一番回想，我发现自己杀的就是那位年轻的战士，“因为如果我无法将他安排到军事机关去工作，那么他就可能被送上前线而阵亡。”显然，我之所以会激发梦中那样的情绪，就是为了欺骗自己。我根本没有杀人，哪怕那位士兵真的被送到前线丧了命，我也是没有罪的。但是，我的生活风格不允许我冒这种风险，因为我是一名医生，我的责任就是救死扶伤，而不是让一条生命陷入危险。因此，我再次生起给他安排一份轻松工作的念头。可是，我又担心适得其反，那位高级军官会因为我给他安排轻松的工作而直接将他送到前线去。最后，我决定遵从自己的生活风格，从常理出发，为这个战士下只能从事防御性工作的诊断书。我认为，只有这样才能帮到他。事实证明，顺应常理得到的结论是不会有错的。那位高级军官看过我的诊断书后，将它扔在了桌子上。当时，我心里想："这个士兵恐怕要被送到前线去了，我真应该在诊断书上写明，他应该被送到军事机关去工作。"然而，令人惊讶的是，那位军官最后给出的批复是："前往军事机关工作，为期六个月。"后来我才知道，那位士兵早就用钱收买了这位军官，他欺骗了我，他说的那些话都是假的，他从来没有当过老师。他之所以这样做，就是为了让我给他下一个只能胜任轻松工作的诊断书。这样一来，被他收买的高级军官才能顺理成章地将他安排到军事机关去工作。自此以后，我就不会再被梦影响了。

梦的目的是自我欺骗和自我麻痹。通过上面这个例子，就可以知道，为何人们很难理解梦的含义。因为一旦理解了，梦就很难再支配我们的情感，或者欺骗我们了。在面对问题时，最应该做的是遵循常理去寻找解决办法，而不应该将希望寄托在梦的启发上。梦一旦为人所了解，也就失去了它的目的。梦是连接现实生活和生活风格的一座桥梁。生活风格其实不需要进一步加强，它应该与现实直接发生碰撞。梦的形式有很多种，但无论是哪种，最终都体现了在特殊环境下，个体想要强化的是生活风格的哪一方面。所以，当我们解释分析梦时，针对的只能是个人。我们不可能像套用公式一样，去解读所有梦境中的隐喻和符号，因为梦是由个体的生活风格来决定的，是从个体对自身所处特殊环境的解读中得来的。在这本书中，我大致描述了几种典型的梦。我这样做并不是为了借助这几种事例找到解梦的窍门，而是为了让大家对梦和梦的意义有一个更深的理解。

梦是自己真实意图的显现

不少人都做过飞翔的梦，这种梦和其他梦一样，关键点都在激发人的感觉。这种梦带给人的感觉通常都是愉悦并充满勇气的。在梦里，人们不断地向着天空高处飞行，眼前的困难似乎已经不值一提了，想要实现的优越感目标也成了触手可及的事。通过这番描述，我们可以推断出，做这个梦的人应该非常勇敢，而且有雄伟的志向和长远的眼光，即使在睡梦中，也充满野心。梦中隐含了一个问题，同时也包含着问题的答案，即“我是否要继续向前？”“我要冲向未来，没有什么能够阻挡我！”

还有不少人都做过从高处掉落的梦，这一点应该引起我们的重视。做这种梦的人通常十分注重自我保护，在面对困难时，不愿全力以赴，他们缺乏勇气和创新，无法承受失败。这种梦境其实很好理解，只要我们对传统教育方式稍加了解。在传统教育中，父母经常告诫孩子要保护自己，并且常常将“不许玩火！不许动剪子！不许爬椅子！”这样的话挂在嘴边。孩子一直生活在这些虚构的威胁中，胆子自然会越来越小。当然，有些威胁是真实存在的，但我们不应该只是吓唬他们，而是应该帮他们更好地去应对。

有时候，我们会梦到自己的身体无法动弹或者赶不上火车。一般情况下，这种梦代表：“我希望不用付出任何努力就可以解决这个问题。我必须从这里绕过去。火车开动后，我再过去，这样就可以用迟到来避开这个问题了。”

有些人还梦见过考试。他们惊讶地发现，自己已经年纪较大了，竟然还在参加考试，或者很久之前明明考过的科目居然还要再考一次。对某些人来说，考试代表：“我还没准备好迎接即将到来的问题。”而对另外一些人，则代表：“这次的考验和之前那次差不多，之前那次我已经通过了，那么这次也一定没问题。”对不同的人来说，同一事物可能象征着截然不同的意思。在研究梦时，我们首先应该考虑的是梦境激发起的感觉，以及梦与生活风格之间的关系。

第一个例子：我有一位女患者，今年三十二岁，是位神经症患者。她在家中排行老二，并且和大多数第二个孩子一样，都具有非常强烈的野心。一直以来，她都希望自己成为最好的那个，并且想让所有事情都尽善尽美。她爱上一个比自己大的男人，这个男人不仅已经结婚了，而且还没有任何成就。这位女患者想让男人离婚娶她，但男人却做不到。

后来，她做了一个梦，梦见自己回到了在乡下居住的那段日子。有一天，来了一个男人，向她租了一间房子。男人搬进来后，没过多久就和她组建了家庭。但男人本身并没有什么能力，又很懒惰，很快就连房租都掏不出来了，女人只好请他搬走。这个梦境与女人现实中所面临的问题存在十分明显的联系。现实生活中，她正在犹豫，是否要嫁给那个毫无成就的男人。这个男人很贫困，曾经连请她吃晚饭的钱都拿不出来。这件事让女人更加犹豫和担忧。这个梦反映出了女人对与这个男人结婚的抗拒。这个女人志向远大，她不想嫁给一个如此穷苦的男人。她将男人比喻为自己的租客，并问自己："如果他是一个租客，连房租都付不起，我会怎么对待他？""我肯定会把他赶出门去。"她这样答道。

不过，无法养家的穷苦男人和付不起房租的租客终究是不同的，或许不该将他们相提并论。但是，为了让自己摆脱困境，继续保持原有的生活风格，女人给了自己这样一种暗示："我是不可能和他结婚的。"她用做梦的方式解决了这个难题的一小部分，这样一来，她就无须用常理的方式解决整个问题了。她将爱情和婚姻这个重要的问题进行浓缩，得到了一个隐喻："一个连房租都拿不出来的租客，必须立即离开我的房子。"

第二个例子：让患者更勇敢地面对生活中的问题，这就是个体心理学在治疗时始终坚持的目标。患者的梦在治疗期间会向朝积极的方向转变。比如，一位抑郁症患者，她在痊愈之前的最后一个梦是这样的："我梦见自己坐在凳子上，只有我一个人。突然，暴风雨来了，我立即往我丈夫的房间跑去。就这样，我幸运地避开了这场暴风雨。之后，我开始在报纸的广告栏中为我丈夫寻找合适的工作。"这个梦很好解释，患者自己就能做到。在梦中，患者与她的丈夫显然是和好了。最开始时，她对丈夫是心怀怨憎的，她讨厌丈夫的软弱，更讨厌他缺乏上进心。可这个梦却表示，当危险来临时，她认为和丈夫一起承担，终归要比自己独立承担好。这个梦的意义大概就在于此。我们或许会同意她对自身所处环境的看法，但是，从她逼迫自己对丈夫和婚姻委曲求全的行为中，我们还是隐约能够看出她对丈夫的不满。在她的梦中，表现得最明显的一点是，她认为独自生活充满危险。所以，哪怕她不喜欢自己的丈夫，也要与他合作，以应对当前危急的情况。

第三个例子：我有一位患者，是个小男孩，今年十岁。据他的老师说，这个孩子在学校做了一件十分卑鄙的事，他陷害同学，将自己偷到的东西放进同学的书桌里，害得同学被老师惩罚。一个孩子为什么会做这样的事呢？应该是想贬低别人，证明自己比他们强。他之所以用这种方式侮辱这些人，是因为他并不认为自己的所作所为卑鄙，他觉得卑鄙的是他们。如果这种观点正确，那我们就可以推测出，他受到的家庭教育就是这样的，他想陷害家里的某个人。男孩十岁时就曾惹过麻烦，他曾用石头去扔一位孕妇。十岁的孩子应该已经明白怀孕是怎么回事了，但他仍然这样做，只能说明他对孕妇有非常强烈的不满。这种不满是从哪里来的呢？是不是和他的弟弟妹妹有关系？他们的降生让他很不开心？他的老师称他为危险分子，说他总是欺负同学，给别人起外号，说人家坏话，有时还追打小女孩。由此，我们可以推断，他应该是有一个和他存在竞争关系的妹妹。

后来证明，我们的推测没有错，他确实有一个四岁的妹妹。他们家只有两个孩子，他是老大。据他母亲说，他很喜欢这个妹妹，而且也很疼爱她。对此，我们保持怀疑的态度。从男孩的种种表现来看，他喜欢妹妹的可能性极低。关于这个话题，我们稍后再谈。男孩的母亲还说，她和丈夫之间的关系非常好。不得不说，这是一个令人遗憾的消息。因为这就说明，男孩的错误行为并不是他父母的责任，完全是由他邪恶的天性和与生俱来的命运造成的，或者也可能来自于他的祖先。在现实生活中，我们经常能够看到这样的组合，一个美满的家庭、一对出色的父母和一个穷凶极恶的孩子。尤其是从事教师、心理学家、律师、法官这些职业的人，出现这种组合的次数更多。在孩子眼中，这种美满的婚姻或许是令人憎恶的。母亲的注意力都在父亲身上，这会让孩子非常愤怒。他希望独占母亲的关注，不想和任何人分享。美满的婚姻对孩子有害，不美满的婚姻对孩子害处更大，那我们到底该怎么做呢？我们应该让孩子成为美满婚姻中的参与者，让他不仅要和母亲合作，还要和父亲合作，尽量避免让他只依赖一个人。这个例子中的小男孩，可能是因为家长的过度宠爱，性格已经发生扭曲。他想吸引母亲的注意力，让母亲只关注自己。当母亲对他的关注不够时，他就会不停地闯祸，以此来达成自己的目的。

没过多久，我们就有了证明这种观点的证据。当男孩犯错时，他的母亲从来都不亲自责罚他，而是让他的父亲出面，对男孩进行处罚。这位母亲这样做，可能是因为她性格软弱，也可能是因为她认为，只有男人才有命令和惩处他人的权力，还可能是因为她不想破坏自己与儿子之间的亲密关系。但无论原因是什么，最终的结果都是男孩在她的管教下彻底失去了对父亲的兴趣，也不愿意再与父亲合作，并经常和父亲发生冲突。男孩的父亲每天都在为了这个家拼命工作，可是由于儿子的关系，他每天下班后却一点儿也不愿意回家。他经常严厉地惩罚儿子，甚至会频繁地鞭打他。据说，男孩并没有因此对自己的父亲产生怨恨。可是，这怎么可能呢？男孩的智商并没有问题，他不过是懂得隐藏自己的感情罢了。

至于那个小妹妹，男孩确实是喜欢的，但是，他却无法与她好好相处。他经常打她，有时用手打她脸，有时用脚踢她。妹妹和父母睡在一起，在父母的卧室里有一张小床。而男孩则独自一人睡在餐厅的沙发上。如果我们站在男孩的角度，设身处地地为他着想，也会对父母卧室中的那张小床感到不满。每当到了晚上，妹妹就可以离母亲如此之近，这对时刻想要获得母亲关注的男孩来说，自然是无法忍受的。所以，他必须想一些办法，来引起母亲的注意，拉近和母亲的距离。

男孩出生时很顺利，身体也很健康。前七个月，他都是母乳喂养。七个月后，母亲开始喂他奶粉。他的消化系统可能不太好，所以第一次吃奶粉时吐了。这种呕吐后来成了家常便饭，在他三岁之前经常发生。现在的他，饮食正常、营养状况良好，但是，他依然对自己的消化系统心存怀疑，觉得自己的肠胃还是有异常。说到这里，我们就很清楚他为什么会朝孕妇扔石头了。男孩对食物很挑剔，不喜欢吃家里的饭菜，于是他的母亲就给他钱，让他到外面买自己喜欢的食物。但是，男孩却告诉邻居，父母不愿意为他提供充足的食物。这种事已经不是第一次发生了，诬陷别人就是他获取优越感的方式。

下面我们再来说说他做过的一个梦。他做这个梦时，正处于治疗期间。他说："我梦见自己原本是西部地区的一个牛仔，却被送到了墨西哥。我拼尽全力，企图杀出一条血路返回美国。有个墨西哥人阻拦我，我一脚踢在了他的肚子上。"这个梦反映的思想是："我的身边都是敌人，我必须拼尽全力战斗。"在美国，牛仔是人们崇拜的英雄。男孩认为，追打小女孩、踢别人的肚子，都是英雄会做的事。上文已经说过，男孩对肚子很重视，觉得那里很容易受到伤害。他之所以会有这种思想，是因为小时候消化系统的异常曾让他饱受折磨。他的父亲也有这方面的疾病，常常因神经性胃痛抱怨不止。可见，在这个家庭中，胃部是最值得关注的身体部位。男孩的目标就是攻击一个人最脆弱的地方。他的行为体现出的生活风格，与他的梦境体现出的生活风格，没有任何区别。他一直生活在梦里，如果我们不把他叫醒，他就将一直这样生活下去。他会不停地和周围的人战斗，他的父亲、妹妹、同学、小女孩，包括想要治好他的医生，都是他战斗的对象。梦中的情境激发了他的战斗热情，为了成为英雄，他会继续用武力去征服别人。除了让他意识到这是一种自我欺骗外，没有任何方法能够治好他。

在治疗中，我们曾将他的梦解释给他听：在他眼里，周围的人，不管是想惩罚他的人，还是想让他继续留在墨西哥的人，都是他的敌人。再见面时，我问他："从上次见面到现在，中间发生过什么吗？"他说："我又干了一件坏事。”“什么事？”“我追赶了一个小女孩。”他虽然毫不保留地将自己干的坏事说了出来，但目的却是为了炫耀，他将这种行为当成是对医生的反抗。他知道我们想改变他，但他坚持要做个坏孩子。他还说：“不要试图改变我，否则我会踢你的肚子。”应该怎样治疗这个孩子呢？由于他的满足感都是借由英雄这一角色获取的，所以首先，应该设法打破他的英雄梦。“你觉得一个英雄会去追赶小女孩吗？如此恶劣的做法，会是英雄所为吗？你要真觉得自己是英雄，就不应该追赶女孩子，或者是只追赶那些比你强壮、比你大的女孩。”必须让他认识到，这种生活风格必须改正，否则以后将给他带来无数的灾祸。另一方面，还应给予他鼓励，让他学会与人合作。要让他明白，生活中有许多有用的方面，这些方面都十分重要。而生活中那些无用的方面，实在没必要坚守，只有不敢直面失败的人才会执着于此。

第四个例子：有一个二十四岁的女孩，尚未结婚，职业是秘书。她极为厌恶自己的老板，认为他欺软怕硬，同时还觉得自己无法交到朋友，难以维持友谊。我们通过以往的经验可以得知，大部分无法交到朋友的人都存在几个问题，比如总想控制他人、以自我为中心、喜欢展现自己的优越感且以此为目标。女孩难以和她的老板相处，很可能是因为他们都是这样的人，都想控制他人。女孩是家里最小的孩子，深受父母宠爱，她的上面有六个哥哥姐姐。她有一个外号叫“汤姆”，因为她一直渴望当一个男孩子。所以，我们更有理由怀疑，控制他人就是她的优越感目标。她可能认为，当一个男人就可以控制他人，并且不受他人控制。女孩的容貌非常美丽，她很在意这一点，生怕外貌受到损害。在她眼里，众人之所以喜欢她，就是因为这张美丽的面容。她很明白，美丽的容貌不仅可以让人对她印象深刻，还可以让她轻而易举地控制他人。但是，这份美貌并没有让她觉得自己有多了不起，她依然想当一个男孩，并用男孩的手段去控制他人。

她的最初记忆显示，在她很小的时候，曾因一个男人受到惊吓。这件事给她留下了严重的阴影，以至于到了今天，她依然担心会受到盗贼和疯狂者的袭击。她想当一个男孩，却害怕盗贼和疯狂者，这似乎有些奇怪。但其实，这并没有什么难以理解的。女孩只想生活在那种她可以完全控制的环境中，至于其他环境，她会尽量避开。她控制不了盗贼和疯狂者，所以就希望世界上没有这两类人。她希望不用付出任何努力就能变成男人，如果不能，她就会若无其事地继续过女性的生活。但是，在她的心中，对女性的身份是极不满意的。所以，她才会有这样的想法：“我是一个男人，我必须克服身为女性的所有不利之处。”

她的梦里是否也有这样的感觉呢？她经常梦到自己形单影只。作为一个被宠坏的孩子，她想表达的是：“我不想一个人，那样太危险了。我希望有人照顾我，让我免受伤害和欺辱。”除此之外，她还经常梦到自己的脉搏停跳。这代表她在提醒自己：“小心，你可能要丢失某种东西！”她当然不想失去任何东西，尤其不想失去控制他人的能力。她用脉搏来隐喻现实生活中的所有东西，失去脉搏就代表失去任何东西。从这个例子中，我们可以看到梦对人生态度的加强作用，同时还可以看到梦是如何产生感觉的。在现实中，她的脉搏并没有停跳，但是她的梦却给她留下了这样的感觉。

通过另一个较长的梦，我们可以更加清楚地了解她的生活风格。她说：“我梦见自己去了一个游泳池，泳池里有很多人。我站在比所有人都高的位置上，引起了一些人的注意。我好像听见有人在大声喊叫，还感觉有人在盯着我。我的身体晃动得厉害，似乎快掉下来了。”假如我是雕塑家，一定会把她塑造成梦中的形象：站在众人头顶，将所有人都踩在脚下。这就是她在梦中想要激发的感觉，同时也是她的生活风格。当她认为自己的位置不够安全，她觉得别人也能发现这一点，并能在泳池这种危险的环境中，精心地照顾她，以便于让她继续站在众人头顶上。这就是她全部生活的展现。她已经为自己确定了目标，即“女孩的身份并不能限制我，我要当一个男孩”。大部分家庭中最小的孩子都充满野心，她也是这样。但是，她想要获得优越感只是给外人看的，她自己并不愿意付出努力去充实自身。还有，她始终都不敢直面失败。如果我们想要帮助她，就必须让她认同自己女性的身份，并对男性的价值有清醒的认识，还要消除她对某类男性的畏惧，让她能以平等友好地态度去对待身边的人。

第五个例子：有一个女孩，她的弟弟在她十三岁时意外去世了。她在提及自己最初记忆时说道：“我记得弟弟刚学走路时，为了站稳，曾想抓着一把椅子。结果那把椅子倒了，他被压在了下面。”这也是一个意外事故。通过这番描述，我们可以发现，女孩对生活中的各种危险有着深刻的感受。她说：“我经常做一个很奇怪的梦。我梦见自己走在大街上，只有我一个人。街上有一个很大的窟窿，里面装满了水，我看不见它，以至于往前走的时候直接掉了下去。水很凉很凉，我冻得打了个冷战，紧接着就醒了，心脏跳得很厉害。”在我们眼中，这个梦并没有什么奇怪之处，但她却不这么觉得。她认为，这个梦的意思是说：“小心！这个世界上有很多你看不见的危险！”不过，这个梦其实还有另一层含义。在梦中，她是向下掉进大窟窿中的，这证明在她心里，自己的地位是高于别人的。一个人如果地位原本就低下，是不可能再掉落的。所以，这个梦或许还可以有另一种解释，即“我要是不想掉下来，就必须小心地维护我高高在上的地位”。

第六个例子：通过这个例子我们可以知道，生活风格在最初记忆和梦里究竟能否产生影响。有一个女孩，她说：“我非常喜欢看别人盖房子。”由此我们可以推测，她对合作很感兴趣。这个女孩虽然不可能真的去盖房子，但她的这种兴趣却说明，当别人遇到困难时，她会非常愿意伸出援手。“那时候，我还是个小孩子。我清楚地记得，自己站在一扇非常高大的镶有方形玻璃的窗户下。我对那些玻璃的印象非常深刻，整幅景象就好像昨天还曾出现过。”只有认识了高矮对比关系的人才会去留意窗户的大小。她真正想要表达的是：“窗户那么高大，我却如此矮小。”她之所以会在意这种对比，是因为她的个子很矮小。事实确实如此。而她所谓的印象深刻，不过是一种夸大的说法。

我们再来看看她的梦。她说：“我梦见搭乘一辆汽车，和我一起的还有另外几个人。”显然，她确实对与人合作感兴趣。“车子开得很快，但是到了森林边缘就停下了。大家一起冲进了森林里，每个人都比我高大。”她又一次强调了这种对比。“在我的建议下，大家一起乘坐电梯。电梯一路向下，最后到达一个十英尺[1]深的矿坑里。我觉得，只要我们一离开电梯，就会瓦斯中毒。”人们的勇气通常是有限的，面对危险时，大部分人都会心怀畏惧。“后来我们出去了，并没有什么异常。”显然，她具有积极乐观的心态。那些喜欢与人合作的人基本都是这样，积极乐观、富有勇气。“我们在那儿待了几分钟后上来了，然后很快

1 十英尺约等于三米。——编者注

地跑回了汽车那里。”无论何时，女孩都愿意与人合作。但是，身高一直是她的遗憾，她想再长高一点儿。这就是我对她的梦和最初记忆进行的分析。她可能也会有一些紧张的表现，比如走路时踮脚等，但她对别人、对合作的兴趣，完全可以缓解和消除这些。

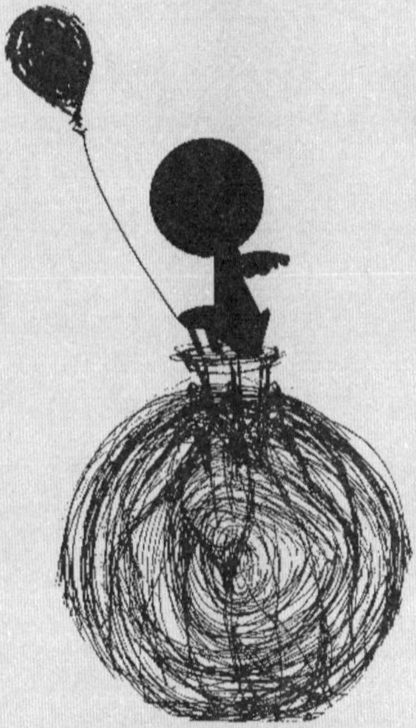

第二篇

在自我启发中成长

第六章

从幼稚到成熟，总会遇到逆境、挫折或歧途

在一个家庭中，如果有一个孩子表现得过于优秀，那么对其他孩子来说，并不是一件好事。当所有人都将注意力放在这个优秀的孩子身上时，其他孩子就会感到愤懑。而当他们想要努力超越对方，却又缺乏自信时，就会对合作感到抗拒。他们的优势在他人光芒的遮挡下根本发挥不出来，沮丧、挫败的感觉不断累积，他们的性格就可能发生扭曲，最后成为罪犯、自杀者、神经症患者或精神病患者。

成长的烦恼

对青春期的孩子来说，最重要的一件事就是证明自己已经长大。如果家长能让他们明白，这是一件再自然不过的事情，那么他们心里的压力和紧张就会减轻许多。如果他们无法明白这一点，就会不断地去强调自己的态度和个性，以此来证明他们已经不是小孩子了。事实上，青春期的大多数行为都是出于这样的目的，想要证明自己已经长大了、独立了，或者已经是成熟的男女了。对青春期的孩子来说，他们会有怎样的行为，通常取决于他们对成长的态度。如果他们将成长与自由画等号，那么在面对家长的管束时，就会竭力反抗，甚至会做出一些恶劣的行为，比如抽烟、喝酒、骂人、夜不归宿等。原本温顺的孩子突然变得这么叛逆，家长难免会感到惊讶和疑惑。他们不知道的是，这种反叛其实一直都有，但直到了青春期，他们才有能力将其付诸行动。面对家长的训斥，有些孩子虽然看起来很温顺，但实际上却一直在等待报复的机会。当他们觉得自己有足够的能力时，就会公然对抗父亲，然后离家出走。

孩子进入青春期后，为了避免引起他们的抗争，大部分父母都会放开管束，给予他们更多的自由。如果父母一直强调，他们还只是个孩子，他们就可能采取一些激烈的方式来证明自己已经长大了。这种逆反的心理就是我们常说的“青春期叛逆”。

一个孩子如果还没准备好迎接成年后的生活，当他面对职业、爱情、社交等问题时，就会觉得焦头烂额。当他找不到自己喜欢的职业时，就会丧失信心。在异性面前，也会觉得紧张、慌乱和不知所措。他们会变得越来越绝望，认为没有一个人可以理解自己。最后，他们会对他人、对生活彻底失去兴趣，既不会主动与人交流，也不会倾听别人的言语。每一天，他们都只沉浸在自己的世界里，既不工作也不学习，总是用一些卑劣的性幻想或自慰行为来打发时间。这是一种被称为“早发性痴呆”的精神疾病。不过，只要有人指出他的错误行为，并帮他找到正确的道路，给予他鼓励，这种本就是个错误的疾病是完全可以治愈的。但难点就在于，怎样帮他指出错误并进行改正。这个问题并不简单，因为我们不能仅凭个人想法去妄加猜测，我们必须从科学的角度出发，对他的过去、现在和未来进行分析。

事实上，青春期的所有问题都源自于对这三大问题缺乏适当的准备和训练。面对未来时，孩子如果感到恐慌，一定会用最简单的方法去解决这个问题，可是这种简单的方法通常都没有用。这时，任何批评、训斥、命令，都只会适得其反，令他们更加茫然无措。越是推着他们向前，他们就越是后退。进入青春期的孩子大多是悲观和胆怯的，他们很难鼓起勇气主动向前。要想帮助他们，就必须给予其恰当的鼓励。

进入青春期后，有些孩子会拒绝成长，他们希望自己永远都是小孩子。他们喜欢和幼儿待在一起，甚至用幼儿的方式来说话，举手投足间也常模仿幼儿的羞怯。但是，大部分孩子还是想当个成年人。如果没有足够的自信，他们就会模仿成年人的行为，假装自己已经是个大人了。他们会像成年人那样大手大脚地花钱，与异性恋爱，甚至发生关系。这些处于青春期的孩子，虽极力模仿着成年人的行为，但却根本不懂得该如何应对生活。他们连基本的生活技能都没掌握，就开始胡作非为，以至于最后走上了犯罪的道路。研究表明，那种早年犯过错却没被人发觉的孩子最容易犯罪，因为他们总是心存侥幸，认为自己就算犯了错，也不会被人察觉。处于青春期的孩子，往往面临着巨大的生活压力和经济困难。当他们无力承担这些东西时，就可能犯罪。因此，对青少年来说，十四至二十岁之间，是他们最容易犯罪的阶段。事实上，这一阶段的青少年犯罪率一直在持续增长。这些青春期的孩子在外部压力的作用下暴露出的问题并不是新出现的，而是在他们很小的时候就已经隐藏在他们心灵内的。

那些性格较为内向、不擅长与人交往的人，为了逃避生活的重压，往往会患有神经类的疾病。青春期的孩子有极大的概率患上神经症，或者精神类疾病。因为患病之后，他们不仅可以逃避生活中的问题，还可以保持自身的优越感。当一个人在社会生活中遇到麻烦又无力解决时，就会变得惶恐不安，给精神造成巨大的压力，从而患上疾病。对处于青春期的孩子来说，当他们的情绪陷入紧张时，各项器官就会变得极为敏感，神经系统也会受到影响。当一个孩子处于这种境况中时，就可能产生这样一种想法："我有病，所以我不用对任何事情负责。"为了逃避责任，他们不停地这样暗示自己，久而久之，就形成了精神疾病。

精神疾病患者经常说，无论何事，他们都可以做得很好，而且他们也很清楚该如何去应对生活。但是，只要出现问题，他们就会立即忘掉这些话，然后抬出自己的病症，以此来进行逃避。对他们来说，患病无疑是件好事，因为每次遇到问题时，他们都可以这样说："我也想解决问题，但是我的病限制了我的能力，我做不到。"这就是他们不同于罪犯的地方。他们会为自己找个借口，而罪犯由于缺乏社会责任感，可以无所顾忌地将自己的恶意展现出来。到目前为止，我们还不能确定，对人类而言，究竟是神经症患者的危害大一些，还是罪犯的危害大一些。罪犯总是公然显露自己的恶意，并极力扼杀所剩不多的社会责任感。而神经症患者的行为虽然不像罪犯那样完全出于恶意，但依然十分糟糕。因为他们从不会为别人着想，只是以自我为中心，有时甚至会为了自己的利益去妨碍他人。

进入青春期后，被宠坏的孩子往往更容易失败。这种孩子已经习惯于享受他人的照料，根本无法担起成年人的责任。他们渴望被人照料、被人关注，但随着年龄的增长，这些东西正在渐渐消失。在成长的过程中，家长为他们创造的环境温暖而舒适。可是现在，他们面对的社会环境却是如此的冷酷和无情。这种巨大的反差会让他们产生这样一种感觉：自己被生活欺骗了，所以才会如此失败。在之后的生活中，他们可能会一蹶不振，无论是工作还是学习，都以惨败收场。而那些原本各方面都表现平平的孩子，此时却可能实现反超，并展现出令人惊叹的能力。这种表现与他们之前的情况并不冲突，可能正是由于之前承担了太多的压力，他们此时才会迫切地想要成功。事实上，只要有人给予他们鼓励和支持，他们就能轻而易举地获得前进的动力。但是，如果没有这些外力的帮扶，他们可能就会丧失勇气，选择后退。而另外一些孩子在进入青春期后，会在新环境的刺激下生出新想法和新计划，他们对未来充满信心，并且能如利刃一般，冲着确定的方向勇往直前。这种孩子坚毅、勇敢，对独立充满期待，丝毫不畏惧那些即将到来的问题和困难。他们对自己充满信心，坚信自己可以取得更大的成功。

对那些长期忍受忽视的孩子来说，他们希望在青春期可以与更多的人建立友谊，并获得他们的赞美。事实上，很多人都将获得他人赞美视为自己努力的目标。对男孩来说，这是一种十分危险的行为。而对女孩来说，这种观点会让她们丧失自信，并认为只有获得别人的赞美，自己才有价值。这类女孩很容易上男人的当，因为她们在男人的赞美声中很容易迷失自己。有些被父母忽视的女孩会很早就与男人发生性关系，她们认为，通过这种行为，不仅可以证明自己已经长大了，还可以吸引他人的注意，获得他人的赞赏。

举个例子：有个十五岁的女孩，家里条件很不好。她有一个哥哥，经常生病。所以，母亲只好将大部分精力都放在哥哥身上，对她并不太关注。更加不幸的是，女孩出生后，她的父亲就病倒了，这导致母亲根本没有时间照顾她，更别提给予她关注和爱护了。女孩从很小的时候就是一个人生活，从来不知道被人照顾的滋味。因此，这成了她一直在追求的目标。然而，令人遗憾的是，这个目标始终未能达成。虽然她的父亲后来痊愈了，但家里又添了一个妹妹，母亲的精力依然无法放在她身上。女孩就这样成了家里唯一一个没有被照顾过的人。

女孩在家里表现得很好，在学校同样如此。她的成绩非常优秀，所以父母就把她送进了高中，让她接受更好的教育。对女孩来说，高中是一个完全陌生的新环境，这里的老师一点儿都不了解她。刚开始时，由于还未适应新的授课方法，她的成绩很不理想，老师因此训斥了她。对一心想要获得别人赞美的女孩来说，老师的训斥无异于一次重击，令她变得非常沮丧。她不知道该怎么办好，在家里没有人关注她，在学校里也没有人赞赏她，她觉得生活毫无希望。

后来，她打算找一个男人来欣赏自己。经过几次尝试，她结识了一个男人，并很快就离家出走与他同居了。在她与男人同居的两个星期里，她的家人一直在寻找她。没过多久，女孩发现这段感情并没有让她获得自己想要的东西，于是开始后悔起来，并在不久后产生了自杀的念头。她给家人写了一封短信，信上说："我已经吃了毒药，我很高兴，你们不用担心我。"但事实上，她根本没有吃什么毒药。她知道父母其实很爱她，但依然想要得到他们的关注。她根本不想死，只想让母亲找到她，带她回家。如果女孩对自己有充分的认识，知道自己的所作所为都是为了获得别人的赞赏，那么这件事原本是可以避免的。如果她的高中老师能够认真地了解她，就能知道她非常在意自己的成绩，而且之前是个非常出众的学生。这样一来，他就不会训斥女孩，而女孩也不会因为灰心丧气跑去与人同居。

还有一个例子：有一对性格十分懦弱的夫妻，他们一直想要一个男孩，结果却生了个女孩。女孩出生后，在家里过得很艰难。因为她的母亲重男轻女，一点儿都不喜欢她。她经常能听到母亲对父亲说："这孩子太不讨喜了，长大后肯定没人喜欢她。"或者"如果她长大了，我们该怎么安排她呢？"女孩在这种环境里生活了十几年。有一次，她恰巧看到了母亲朋友写来的信。这位朋友在信中对她的母亲说："你还年轻，将来肯定会生个男孩的。"不难想象，女孩看到信后会是怎样的心情。

几个月后，女孩在去乡下探望叔叔时，遇到了一个男孩。这个男孩的智力有些问题，但女孩还是和他谈起了恋爱。不久后，这个男孩离开了她，这让她久久无法释怀。后来，她交往了不少男生，但没有一个喜欢的。她非常痛苦，并患上了焦虑性神经症。她不敢一个人出门，只好到我这里来寻求帮助。她想方设法地获取别人的赞美，一种不行就换另一种。现在，她已经开始利用自己的病症吸引家人的注意力了。她经常哭闹，还想自杀，把家里搅得一团糟。我们想要帮她改变，但这并不是一件容易的事。事实上，如果她自己不想做出改变，那谁也没有办法。我们想让她了解，处于青春期的她之所以会出现这些问题，是因为太过重视自己被忽视这一事实了，但这似乎很难。

对于女性的身份，一些被宠坏的女孩会感到难以适应。在我们的文化中，重男轻女的思想根深蒂固。这就导致有些女孩对自己的女性地位充满排斥，她们从心底里想要成为男性。这种"男性倾向"有很多种表现形式，比如对男性感到厌烦，故意躲避他们。或者面对喜欢的男性时，会局促不安、无法言语。或者在参加有男性的公共活动时会手足无措、异常拘谨。她们在长大成人后，虽然会经常表达对婚姻的渴望，但却很少付出实际行动。她们尽力远离一切男性，从不会主动与他们建立友谊。处于青春期的女孩，对女性身份的排斥尤为明显。她们的行为举止都会向男孩靠拢，有时还会故意模仿男孩的一些坏习惯，比如抽烟、喝酒、说脏话、滥交等。

这些女孩认为，只有这样，男孩才会对她们感兴趣。有些女孩极度憎恶自己的女性身份，甚至会因此出现性欲错乱，成为同性恋或妓女。事实上，许多妓女在童年时期就已经认定，没有异性会喜欢自己。她们觉得自己身份低微，无法引起任何男人的兴趣。这样我们就很容易理解，她们为何会自轻自贱，并以身体为赚钱的工具了。她们对自己女性身份的厌恶并不是进入青春期后才有的，事实上，早在童年时期，她们就已经有了这种想法。只是，那时她们并没有机会也没有必要将这种想法表现出来。

这种对男性身份的推崇不仅存在于女孩之间，在男孩身上也有。很多男孩都会把成为一个真正的男子汉当成自己的理想，他们经常会质疑自己的能力，担心无法把这个理想变成现实。我们的文化中对于男性地位的过度强调，不仅会给女孩带来困难，也会给男孩造成困扰。有些孩子在成长期间，对于自身的性别是存在疑惑的。所以，家长在孩子两岁之前，就应该明确地把他的性别告诉他。有些男孩长得像女孩，因此常常遇到一些问题。有时，陌生人会分辨不出他们的性别，他们身边的人也会说："你长得好像女孩子。"在这种情况下，男孩就可能产生自卑心理，对自己外貌的不自信，让他们觉得自己很难引起异性的兴趣。当一个男孩对自身性别缺乏自信时，他进入青春期后就可能模仿女孩的行为举止，变得矫揉造作、任性妄为，就像一个被宠坏的女孩一样。

在绝大部分人眼中，青春期都是一个特殊的阶段。但这些阶段无论多么特殊，都只是人生中的一段而已，并不能给我们带来什么决定性的变化。对我们来说，这些特殊的阶段本身并没有那么重要，真正重要的是我们赋予了它们怎样的期待和意义，以及对它们的态度。面对青春期，很多人都会产生恐惧心理，仿佛它是什么洪水猛兽一样。但其实，这一阶段对孩子唯一的影响就是，令他们不得不改变旧的生活风格去适应新环境。然而，有些孩子却认为，青春期是过去所有事情的终结，他们的尊严与价值，以及与人合作的兴趣，全部被剥夺了，他们失去了存在的意义。正是在这种感觉的作用下，他们身上才会出现那么多的问题。

为何要铤而走险——犯罪心理分析

青春期的孩子如果对问题处理不当，严重的话就有可能走上犯罪的道路。很多罪犯走上犯罪的道路时，年龄都不大。据调查，十五至二十八岁是犯罪率最高的年龄阶段。那么，是什么原因使得这些孩子走向歧途的呢?

要想充分了解他们的犯罪心理，必须先弄清他们的生活风格。

之前说过，一个人的生活风格在四五岁时就已基本定型。所以，要想改变它，并不是一件容易的事。生活风格对一个人的性格形成具有决定性的影响。因此，要想纠正一个罪犯的行为，就必须先弄清他在性格形成期间犯了哪些错误。只有这样我们才能明白，为何有些罪犯会屡教不改，即使被惩罚、被轻视、被剥夺一切社会生活的权利，依然不做出改变。

人类在活动时会受到很多限制，不能仅凭自己的意愿。比如，人们虽然应该尽可能多的与人合作，但这种合作也是有限度的，超过这个限度时，人们就会丧失合作的兴趣，也不愿意再为他人做贡献。这时，犯罪就有可能发生。有些人在生活顺遂时，不会有什么异常的反应，只有在遇到困难自己又无力解决时，才会为了摆脱困境而走上犯罪的道路。此时，一个人解决问题的方式，也就是他的生活风格，起着决定性的作用。

从这些个体心理学的案例中，可以总结出这样一个结论：罪犯通常不具备较强的合作能力，也很难对他人产生兴趣，一旦实际需求超出了他们的合作能力，他们就会实施犯罪。面对无法解决的问题，他们的合作能力根本无法发挥作用。如果仔细观察，会发现，不管是生活中可能遇到的问题，还是罪犯们无法解决的问题，归根到底，其实都是社会问题。要想真正地解决这些问题，就必须对他人感兴趣，并与他们进行合作。

人们在生活中遇到的问题，从个体心理学角度，可以分为三类：人际关系问题、职业问题，以及爱情问题。人际关系问题也就是友情问题。即使是罪犯，也会有朋友，只不过他们的朋友大都和他们是同一类人。他们会形成自己的团体，彼此忠诚，绝不出卖对方。不过显而易见，这种做法限制了他们的生活范围，令他们几乎无法与普通人做朋友。事实上，他们也不愿意与普通人建立友谊，因为在普通人 面前，他们会觉得受到了拘束。在他们眼里，自己与普通人是格格不入的。

第二类职业问题，即与工作有关的问题。当你询问罪犯对这类问题的看法时，他们中有很大一部分可能会说："你根本无法了解，工作是一件多么辛苦的事。"他们认为工作极其辛苦，所以便不愿意像普通人那样，在这方面付出努力。而他们之所以会有这种感觉，是因为他们缺乏从事有意义的工作所必备的合作精神和奉献精神。大多数罪犯在很早的时候就已经显露出了对合作的抗拒，所以他们很难做好准备去面对工作中的那些难题。罪犯通常不具备什么专业技能，所以大多数时候，他们只能虚度人生。在刚上学或者童年时期，他们身上就已经出现了这些问题。要想胜任一份工作，合作是必备的技巧，但罪犯往往不具备这种能力。而且，要想改善他身上的这种情况也不是件容易的事。明白了这些，我们也就很容易理解他们为何不能正常工作了。他们就像是一群小学生，虽然从来没有学过地理，但却必须去参加地理考试，所以就算他们最后的成绩很差或者得了零分，也没什么可指责的。

第三类问题囊括了所有与爱情有关的问题。在一段良好的爱情关系中，合作是必不可少的东西。同样不能缺少的，还有对爱人浓厚的兴趣。在研究罪犯时，有一点必须注意，那就是在进入监狱之前，很多罪犯都患有性病。由此我们可以推测，这些人都是用一种简单粗暴的办法来解决爱情问题。他们认为爱情就像商品一样，是可以买卖的。而在他们眼中，异性和货物也没有太大区别。他们觉得性关系就是一种征服与被征服的关系，他们从不会将与他们发生性关系的人当成终身的伴侣。很多罪犯都认为："人生的意义就在于，我想要得到什么，就可以得到什么。"

现在我们已经知道，该从何处下手去解决犯罪问题了。对监狱里的那些犯人来说，光体罚他们是没有什么用处的。必须让他们明白合作的重要性，否则就算把他们放出去，也会再次犯罪。以人类社会现有的条件来看，是不可能完全隔绝犯罪者的。所以，关注的重点应该放在怎样解决那些无法适应社会环境的罪犯。任何事情都不想与人合作，这是一个非常严重的问题。在我们的生活中，无论哪一方面，都不可能避开合作。通过观察一个人的行为举止，比如他观察、聆听、表达时的方式，就能知道他具有怎样的合作水平。据我了解，罪犯在这些方面与普通人有很大差别。

除此之外，罪犯的语言表达方式也与常人不同，甚至会直接影响他们的智力发展。我们和人说话时，总是希望别人能够明白我们在说什么。事实上，明白他人在说什么，就是一种社交能力。为了让大家可以交流，我们赋予了语言一种共性。可是，罪犯却有别于常人，他们拥有自己的逻辑和观点。这一点在他们说明自身行为时尤为明显。我们不能将这种情况归咎于他的智力，事实上，这些罪犯的智力基本都没有问题。其实，如果我们能够理解他们那种虚假的优越感目标，就会发现他们的想法并没有什么错误。比如，一个罪犯说："我要杀了那个人，因为他有一条非常漂亮的裤子，而我没有。"如果这个人认为，他可以用不正当的手段来满足自己的欲望，那么他的行为就是合理的。当然，这与大众普遍认同的行事准则和伦理道德是不相符的。不管是对这个世界，还是对自己和他人，他们都没有形成正确的认知。

然而，这并不是导致罪犯合作能力低下的主要原因。事实上，罪犯的性格都十分怯懦，他们没有勇气面对生活中遇到的困难。这种怯懦表现在他生活中的每个方面，包括他实施犯罪时。比如，当他想要抢劫别人时，会先找一个偏僻黑暗的地方躲藏起来，然后趁路人不备时突然发动袭击。罪犯通常觉得自己很勇敢，但我们却不能这么认为。其实，他们就是一群既胆小又软弱的人，他们表现出的勇敢不过是一种掩饰。他们追求的是一种虚假的优越感，在这种虚假的情境中，他们觉得自己是个英雄。但实际上，这只是一种错误的生活风格。由于缺乏常识，他们遵循的统觉表也是错误的。这些罪犯中根本不存在什么英雄，他们无一例外，都是懦夫。如果我们将这一真相告诉他们，必定会让他们大惊失色。

很多罪犯都自视甚高，觉得警察根本抓不住自己。有时，他们还会故意去戏弄警察，以满足自己的虚荣心，并获得一种优越感。几乎每一个罪犯都有没被发现的罪行，这是一件非常恶劣的事情。当这些罪犯被逮捕归案时，或许会想："我这次真是太大意了，要不然也不会被抓。下次，我一定会小心一点儿。"如果他们侥幸逃脱了警察的追捕，便会优越感爆棚，觉得达成了自己的目标，并会欣然接受同伴的赞扬和祝贺。

绝大多数罪犯都无法正确地认识自己的智力和勇气。对我们来说，要想解决犯罪问题，就必须从家庭或监狱入手，纠正他们的这种错误认知。下面我们要来说一说，为何罪犯们都不愿意合作。

这些人在合作上的失败，其实很大程度要归咎于他们的父母。他们的父母可能不擅长教育孩子，也可能因为独自应对一切而力不从心，还可能本身就缺乏合作精神，所以没有在这方面给他们正确的引导。那些关系紧张或者感情破裂的家庭都极其缺乏合作精神。对孩子来说，母亲是他第一个接触并产生兴趣的人。之后，母亲应该引导孩子，将这种兴趣扩展到父亲或其他人身上。可是，有些母亲却并不愿意这样做，这就会导致孩子缺乏合作精神。除此之外，还有一种情况也会令孩子缺乏合作精神。比如，一个孩子在三四岁之前，一直是所有家人关注的重点。可是不久后，随着弟弟妹妹的出生，家人们的注意力转移了，他失去了原本的优越地位。这种改变也会令孩子抗拒与人合作。在研究罪犯过去的经历时，一定要兼顾各个方面。我们很容易就能发现，在他们最早的家庭生活中，那些不安定的因素就已经开始显现。对孩子的发展来说，环境并非是决定性因素，真正起决定作用的是他们对自身地位的错误理解，以及这种理解未能得到及时纠正。

在一个家庭中，如果有一个孩子表现得过于优秀，那么对其他孩子来说，并不是一件好事。当所有人都将注意力放在这个优秀的孩子身上时，其他孩子就会感到愤懑。而当他们想要努力超越对方，却又缺乏自信时，就会对合作感到抗拒。他们的优势在他人光芒的遮挡下根本发挥不出来，沮丧、挫败的感觉不断累积，他们的性格就可能发生扭曲，最后成为罪犯、自杀者 、神经症患者或精神病患者。

进入学校后，这些孩子的一举一动都会表现出他们在合作能力上的不足。比如，他们会排斥老师，无法集中注意力听讲，不愿与同学建立友谊。如果老师对他们没有充分的了解，不能及时给予引导和帮助，他们就会遇到更多的问题。如果他们在学校没有得到鼓励和安慰，也没有从老师那里学会合作的技巧，反而经常被戏弄和嘲笑，他们就必然会丧失对学校的兴趣。许多罪犯都有留级的经历，他们十三岁时还在读四年级。在这一阶段，他们通常会受到许多讥讽和嘲笑，这些东西很容易让他们丧失对他人的兴趣，转而去追求一些并不具备真正价值的事物或目标。

那些家庭贫苦的孩子，也很容易对生活产生错误的认知。他们在家里吃穿都成问题，在外面又饱受歧视。由于家境贫寒，他们很小的时候就要挣钱贴补家用。反观那些富人的孩子，优越的家庭条件令他们可以随心所欲，想要什么都可以。这种强烈的对比，很容易让他们心理不平衡，并对那些富人产生仇恨心理。明白了这一点，就很容易理解，为什么贫富差距越大的城市犯罪率越高了。一个人若心怀嫉妒，在确定人生目标时就可能出现错误。这类孩子很容易产生一种误解，认为不用付出任何劳动就可取得财富是获得优越感的最好方法。

我认为，生理上的缺陷同样会让人陷入自卑。这一观点令我觉得有些可惜，因为从某一方面来看，它恰好证明了神经学和精神病学中的遗传理论。其实，早在我第一次提出这种观点，并说明心灵具有补偿作用时，就已经预料到了这一点。实际上，真正导致自卑的是教育方式，而非生理缺陷。一个有生理缺陷的孩子，如果能够接受好的教育，依然可以对他人产生兴趣。只有在没有受到良好教育的情况下，他才会只关注自己。有些人内分泌方面有问题，但是，我们根本不知道正常的内分泌腺是什么样的。我只知道，无论它有什么问题，产生什么变化，都不可能对一个人的性格造成严重的影响。因此，完全不必考虑这个问题，只要把目标放在寻找合适的方法上，让孩子像正常人一样对他人产生兴趣就可以了。

在那些罪犯中，孤儿占据不小的比例。成人对这件事要负有很大的责任，因为我们没能好好教导这些孤儿，让他们学会合作。那些私生子也是如此，从未有人给予过他们正确的引导，让他们对别人产生兴趣，并与之建立合作。被抛弃的孩子很容易成为罪犯，尤其是那些对“抛弃”这一事实有着深刻认识的孩子。很多罪犯长得都不好看。那些持遗传论的人，曾以此来证明自己的观点。可是，如果我们能从他们的角度出发，为他们着想，就会发现他们非常不幸。他们也许是不同种族的混血儿，由于外貌丑陋，自小就受尽欺凌。丑陋的孩子通常都背负着巨大的负担，他们的童年几乎毫无快乐可言。可是，如果我们能以正确的方式来教导他们，他们原本可以成为这个社会上拥有强烈责任感的一员。

在那些罪犯中，还有很多长相英俊的男人。不得不说，这是一个非常有趣的现象。那些有生理缺陷的人，可能是因为四肢残缺，或者兔唇一类的先天不足而备受欺凌，所以才走上了犯罪的道路，那么这些长相英俊的人又为什么会犯罪呢？因为他们都被宠坏了。过度的宠爱，会对一个人的合作能力造成极为不利的影响。据我所知，罪犯可以分为两种类型：第一种是对任何情感都没有感知，无论是面对什么人、什么事，他们都满怀敌意，即便是他人的赞赏，他们也毫无反应；第二种就是被宠坏的人，这种人最常说的一句话就是：“都赖我的母亲，她把我宠坏了，所以我才会落到今天这个地步。”我们本应详细讨论一下这两种类型的罪犯，但是现在，我必须强调一点，即不管是哪种类型的罪犯，他们之所以会走上犯罪的道路，都是因为缺乏合作精神，与其所处的环境及所受教育的水平并没有太大关系。父母可能并不知道该怎样才能把孩子培养成一个优秀的人才。那些严厉尖刻、吹毛求疵的父母是不可能培养出人才的。那些对孩子过度宠爱的父母也是如此。他们培养出的孩子只关注自己，只在乎自己的利益，不愿付出任何劳动就想得到他人的关注和赞赏，稍不如意就抱怨连连。

我们可以用一个例子来证明上述观点。当然，这个例子被记录下来还有一些别的目的。

在谢尔顿和埃莉诺·T.格鲁克合著的《五百个罪犯的人生》中，有一个被称为“强人约翰”的男孩。这个男孩在回忆自己的犯罪经历时说：“我从没想过我会走到今天这个地步。我在十五岁以前一直是个挺正常的孩子，我喜欢运动，还经常去图书馆借书看，所有事看起来都是井井有条的。可是后来，在父母的逼迫下，我退学了。他们逼我去打工，并强占了我的工资，每周只给我五十美分。”

显然，他的这些话充满了对父母的控诉。到目前为止，根据已有的信息，我们只能推断出他与父母的关系不和。至于关系到其具体经历的其他东西，比如家庭情况，以及父母之间的关系，尚不清楚。

“我在工作快满一年时交了一个女朋友，她是一个喜欢玩乐的女孩。”

大部分罪犯都会受这类女孩的吸引，并对其产生爱意，之后就是建立合作关系。对男孩来说，这并不是一件容易的事，因为他每个星期只有五十美分的零花钱，这令他和女孩的恋爱缺乏经济基础。面对眼前的困难，他有能力去克服吗？我表示怀疑。其实，他应该明白，以他现在的实际情况来看，这种喜欢玩乐的女孩并不适合他。世界上有很多女孩，他完全可以找个适合自己的。可惜，每个人判定生活中最重要事物的标准都不相同。

“在这个时代，每星期五十美分的零花钱根本不够干什么。仅凭这点儿钱，我是没办法满足我女朋友尽情玩乐的愿望的。我管父亲要钱，但他一分都不给我。我很伤心，也很痛苦，一直在想怎样可以获得更多的钱。”

如果是一个正常人，此时大概会说：“要想多挣一点儿钱， 我必须努力工作。”可是，这个男孩却不是这样想的，他虽然想多挣钱，但却不愿意付出任何劳动。他既想让女孩高兴，又想让自己轻松。

“有一次，我意外结识了一个陌生人，我们很快就成了好朋友。”

对他来说，这个陌生人无疑是一次严峻的考验。一个具有较强合作能力的正常男孩，是不会轻易被人引诱的。但这个男孩不同，此时他正处于对金钱的迫切需求中，所以很容易受到诱惑。

“他是一个窃贼，脑子很聪明，身手也很好，而且经验丰富，是这一行的老手。他这人不错，不仅没有害我，还把他偷来的钱分给我。我们合作了好几次，从没被抓过。渐渐地，我盗窃的技巧也越来越熟练了。”

我还了解了男孩的家庭情况，得知他的父母有一座房子，他父亲是一家工厂的管理者，每个星期只有周末时在家。除了男孩，家里还有另外两个孩子。在男孩之前，家里从未有人犯过罪。说到这儿，我很想问一问那些支持犯罪遗传论的专家是如何看待这种情况的。据男孩说，他十五岁时就开始与女孩发生性行为了。也许有人会以此为证据，斥责男孩好色。但我却认为，男孩对性这方面并没有太多需求，他最想要做的是获得他人的赞赏，并像个英雄一般虏获女孩的芳心。这一点在男孩的许多行为上都有体现，比如，他想依靠出色的外貌吸引女孩的注意，并想通过帮女孩买单来获取她们的夸赞。他称自己为西部匪徒，脑袋上顶着一个宽边帽，脖子上围着一个红色大手帕，腰上挂着一把左轮手枪。从这副夸张的打扮上不难看出，他有很强的虚荣心，而且总想表现出一副英雄气概，却又不知道该怎么做。他在十六岁时因与他人入室盗窃而被捕，面对警方的指控，他毫不犹豫地承认了自己的罪行，并表示："远不止这些。"

"我认为自己活着没有任何意义，或许，我就不该存在于这个世界上。我不在意任何人，我对人类充满蔑视。"

据我推测，男孩的潜意识中大概就是这样想的。当然，他自己对此一无所知。在他眼里，活着是一种负担，他完全找不到自己存在的意义，也根本不明白自己为何会走到这种心灰意冷的境地。

"后来发生了一些事，让我不再相信任何人。有人说，盗窃者是不会对同行下手的。但实际上，并不是这样。我对以前的那个同伴非常好，但他却在背后害我。"

"如果我有很多钱，我也会像其他人那样，成为一个正直善良的人。我是想说，我希望自己不用工作就可以得到很多钱，这些钱足够我做任何事情。我讨厌工作，非常讨厌，以后我也不会做任何工作。”

对于他的这番言论，我是这样理解的：“我之所以会犯罪，是因为精神上的压抑。一直以来，我始终压抑着自己的欲望，所以才走上了犯罪的道路。”关于这一点，我们应该进行更深入的讨论。

“我也不是故意去犯罪的。每当我路过一个地方，总有什么东西能引起我的注意，让我想要占为己有。我克制不住这种欲望，所以就把它们偷走了。”他觉得自己的所作所为充满英雄气概，绝不会承认这是一种怯懦的表现。

“我第一次被捕时，正想把手中的珠宝换成现钱，然后去找我的女朋友。这是当时唯一能令我感到快乐的事。可惜，我还没来得及找她，就被抓住了。”这种人喜欢在女友身上花费大笔的钱，以此来获得赞赏。在他们眼中，这是一种成功的表现。

“监狱里有很多补习的课程，什么样的都有，我很喜欢。我一直在里面很努力地学习，以期变得更强，但从未想过改过自新。”从这种执迷不悟的态度中，我们可以看出，他对生活毫无兴趣，并对人类充满憎恶。他还说：“如果我有孩子，我一定会杀了他。再也没有比把孩子带到这个世界上更可恶的事了，我绝不会这样做。”

要想让这种人改过自新，唯一能够做的，就是帮助他们学会合作，并让其明白，他们之前对生活的认知是错误的。必须先了解这种错误认知的源头，才能给予他正确的指引。可惜，现有的信息并不涉及这方面，所以很难从中找出想要的线索。如果硬要推测的话，我猜他是家中长子，出生后曾饱受父母宠爱。但是没过多久，随着弟弟妹妹的降生，这种宠爱被剥夺了。如果我的猜测没有错，那么大家应该就会明白，在一个人成长的过程中，即便是再微小的细节，也可能产生重要的作用。

“后来我被送进少年管教所，在那里受到很多欺压和侮辱，以至于我出来后越发憎恶这个世界了。”

关于这一点，我有几句话要说。在心理学家眼中，监狱里发生的种种暴行，对罪犯来说，其实是一种考验和磨炼。就好像在罪犯眼中，“痛改前非”这种话会被视为挑衅一样。这种挑衅会对他们产生刺激，令他们精神亢奋，因为他们会认为，这是自己成为英雄的机会。在他们眼中，这是一场比赛，是社会对他们的挑战。他们会因这种与社会对抗的感觉兴奋不已，并立志要取得胜利，以成就自己的英雄事迹。想要激怒那些对世界充满敌意的人是件非常容易的事，只要挑衅他们就可以了。父母在教育孩子时，也经常会用挑衅的方式，比如父母会说：“你很厉害吗？你能撑多长时间？我觉得不可能，你必须证明给我看。”这显然是一种错误的做法。在这种教育中成长起来的孩子，也会像罪犯一样，满脑子都是“我要当英雄”的念头，并在这种念头的支配下去行事。其实，如果他们足够聪明就应该明白，这种念头并不可取，应该尽早抛弃。在监狱或教管所中，狱警或管教人员经常用挑衅的方式对待犯人，这显然是一种极其错误和恶劣的行为。

现在，我们遇到真正的问题了，那就是面对这些罪犯，究竟该怎么办。我认为，我们完全可以将他们当成精神病患者那样去对待。竭尽所能地争取他们的信任，并教会他们怎样与人合作，就是唯一的办法。不过，也不能过于强调这一点。如果从一开始，就能给予其正确的引导，让他们对生活中美好的一面心生期待，让他们对他人、对社会产生兴趣，让他们在遇到困难时懂得与人合作等，那么他们也就不会落得如今这样的下场。

然而，要想做到这些，并不是件容易的事。不能直接指出他们的错误，更不能与其发生冲突。在过去的许多年里，他们的思想一直是这样的，早已根深蒂固。要想改变他们，就必须找出他们形成这种错误思想的原因。为了达成这个目的，就必须充分了解他们所处的环境，并找出一切错误的开始。为此，必须先了解一下他们童年时期的生活。

他们会以这种错误的思想为依据，解读之后的一切经历。如果经历和思想不一致，他们就会通过思索、回想等手段，将经历彻底扭曲。如果一个人始终认为“在这个世界上，每个人都想欺负我、侮辱我”，那么他就会努力寻找各种事例来证明这一点。他会把所有注意力都放在这件事上，对不符合自己观点的事物则毫不关心。罪犯只关注自己的事情，不管是观察还是聆听，他遵循的都是自己的习惯。这种习惯早已养成，而且异常稳固。如果某件事与他对生活的解读发生了冲突，他会当作不存在。所以，必须弄清楚，他是如何解读这些事情的，又是如何形成这种思想的，以及最早时他拥有怎样的行为习惯。只有这样，才能让他认同我们的观点。否则即便是严刑酷罚，也很难对他们产生作用。反而会令他们觉得，社会果然像他们想的那样，只知道侮辱欺压他们，而他们自己也确实不具备与人合作的能力。

他们之所以如此讨厌合作，可能是因为在上学的时候就遭遇过类似的情况。由于不懂合作，他们的成绩很差，或者经常在班级里惹麻烦，结果遭到了批评和体罚。这种手段，对促进他与别人合作一点儿作用都没有，反而会令他越来越失望，觉得所有人都在欺负他。没有人会喜欢充满批评和惩罚的环境。这样一来，孩子就会彻底丧失对学校，对老师，对同学的兴趣。他会逃离学校，到没有人能够找到他的地方去。在这些地方，他可能会遇到一些和他有着类似经历及行为习惯的孩子。他们能够彼此理解，他喜欢和这些孩子待在一起。在这些孩子的刺激下，他开始对生活中一些毫无意义的事产生兴趣，并且再也不用担心有人会因此批评和惩罚他。

对社会生活各项要求的排斥，令他背离了社会。在他眼里，那些孩子才是他真正的朋友。他对他们充满好感，觉得和他们在一起是件很快乐的事。就这样，越来越多的孩子走上了错误的道路。如果我们也像其他人那样，批评惩罚他，那么他就会将我们也视为敌人。

面对生活的考验，这些孩子其实是有能力取得胜利的。只要让他们重新燃起希望，并在学校里找回勇气和信心，就能避免上述后果。

走向犯罪的道路是谁之过

如果想要帮助这些罪犯改正自身的问题，就必须了解他们的童年生活，并找出究竟是什么阻碍了他们发展合作的能力。这是唯一可以补救的办法。值得庆幸的是，个体心理学在这方面为我们指引了一个明确的方向。

在一些改过自新的罪犯身上，我们或许可以看到一些合作精神，但这些合作精神仍不足以令其适应社会的要求。之所以会这样，他们的母亲要负很大的责任。母亲从小就应该培养孩子的合作精神，引导孩子对社会、对他人产生兴趣，为孩子树立一个良好的榜样。一个孩子如果受到了母亲过度的宠爱，他可能就很难交到朋友，因为没有孩子愿意与他亲近。如果他无法正确地理解这一点，就可能走上犯罪的道路。一个家庭中若有一个尤为突出的孩子，那么其他孩子就可能出现问题。比如，次子如果因为相貌出众而受到了大家的喜欢，长子就可能会心怀不满，觉得自己被忽视了。他想摆脱这种感觉，但始终不能如愿。于是，他就会寻找各种证据来证明自己的观点。在这个过程中，他可能会变得越来越焦躁，并经常发脾气，最后就会遭到大家的批评。这种批评不仅不会让他改好，反而更加证明了他觉得自己不被重视的想法。当他觉得自己没有被公平的对待时，就会开始做出一些恶劣的行为，比如小偷小摸。这种行为会让他遭受更多的批评和惩罚，以至于所有人都开始厌恶他。而他则会更加坚定自己的想法，因为越来越多的事实证明，确实所有人都在和他作对。就这样，情况变得越来越糟糕。

在孩子面前，父母不该大声抱怨生活的艰辛和社会的不公，这会让孩子失去对社会的兴趣。父母对邻居或亲戚的指责，对别人的愤怒和偏见，都会影响孩子对他人、对社会的兴趣。在这种环境中成长起来的孩子，不仅无法正确地看待他人和社会，还会对自己的父母充满排斥。一个人如果对社会毫无兴趣，那么他就会变成一个绝对的利己主义者，他常常会想："我凭什么要去为他人着想，凭什么要为这个社会做贡献？"在这种思想的引导下，每当遇到问题时，他就会表现出犹豫、迟疑，并随时准备找借口来推卸自己的责任。

他认为克服困难是一件极不容易的事，就算为此伤害了他人的利益，也不用在意的。他觉得只要能够解决问题，不管是多么恶劣、多么卑鄙的手段，都没有关系。

下面，通过几个例子来找出罪犯的发展轨迹。

第一个例子：有这样一个家庭，家中长子十分受宠，是大家关注的焦点。而家中次子虽然很健康，并没有先天的生理缺陷，但却是个问题儿童。这个次子一直将哥哥看成自己的竞争对手，总想在人生的这场大竞赛中赶超哥哥。他对自己的母亲满怀依恋，希望母亲眼里只有他一个人。但是对于社会，他却毫无兴趣。在生活中，他处处不如自己的哥哥。比如哥哥很聪明，成绩也很优秀，而他则刚好相反。不停地和哥哥比拼，给他带来了很多烦恼。他有极强的控制欲，总是想支配他人。比如他们家的女用人，就经常被他支配得不知道怎么办才好。他一会儿让女用人做这个，一会儿又让她做那个，看起来就像一个将军在指挥自己的士兵一样。在这个过程中，他体验到了快乐。女用人一直都很喜欢他，所以哪怕他都长到二十岁了，她依然愿意无条件地顺从他。

他在工作和事业方面一事无成，经常需要寻求母亲的帮助。母亲虽然会帮助他，但每次都会言辞激烈地指责他一番。后来，他结婚了，在婚姻中又遇到了很多问题。可是，他对此毫不在意，只觉得终于做了一件超越哥哥的事。因为他哥哥当时还未结婚。可见，他把自己的注意力都放在了一些对生活毫无意义的事情上，他将自己放得很低，任何一件能够打败哥哥的小事，都会令他欣喜不已。至于这件事是否有意义，他根本不在乎。他根本不知道婚姻是什么，也从来没有做好准备去当一个丈夫，或者一个父亲，所以结婚后，他与妻子的关系并不和睦，两人经常发生冲突。

后来，母亲不愿意在经济上继续接济他了，于是他赊购了一架钢琴，然后转手就卖了出去，并将得到的钱挥霍一空。等到别人来管他要钢琴的钱时，他因拿不出来而受到了指控，最终进了监狱。由此可见，童年时期的生活对他长大后的行为造成了很大的影响。哥哥就像一棵大树，从小就遮挡住了所有的阳光，令他只能生活在阴影中。他总是认为，哥哥太优秀了，得到了所有人的关注，而他自己却因此遭受了种种不公，被忽视，被侮辱。他总是努力地从生活中那些微小的细节里寻找证据来证明这一点。

第二个例子：有一个很有上进心的女孩，她的父母十分疼爱她。可是，她却总觉得父母偏心妹妹，并因此对妹妹充满嫉妒。不管是在家里，还是在学校，她对妹妹的敌意都显露无遗。她总是努力寻找各种事实来证明父母的偏心，比如父母多给了妹妹一块糖，多给了妹妹一些零花钱等。有一回，她偷朋友的钱被发现，结果受到了处罚。值得庆幸的是，在事情变得更糟糕之前，她遇到了我。通过我的解释，她认识到了自己的嫉妒心理，然后慢慢恢复了正常，不再像以前那样排斥妹妹了。我还把事情的前因后果告诉了她的父母，让他们意识到自己的错误。父母之后表示，会在这方面多加注意，不会再让她觉得父母偏心妹妹了，以此弥补她们姐妹之间的关系。这件事已经过去二十多年了，女孩已经为人妻、为人母，在事业上也取得了一定的成就。那次事情后，她再也没有犯过类似的错误，也没有遇到过什么无法解决的难题。

从上面两个例子中，可以看到有哪些情境会对孩子的发展造成阻碍。现在，让我们来进行一下总结。如果我们所说的个体心理学的观点全都成立，那么要想找到一套行之有效的方法，培养罪犯的社会责任感及合作能力，就必须先弄清楚上述情境是如何引发犯罪的。之所以要强调并深入分析这些情境，原因就在于此。据我了解，缺乏合作精神，容易走上犯罪道路的孩子主要有三种，即有生理缺陷的孩子、被宠坏的孩子，以及被忽略的孩子。有生理缺陷的孩子通常会觉得命运不公，因为别人都能拥有健康的身体，就他不行。与正常孩子相比，他们会更关注自身。要想帮助他们，最好的方法就是通过专业的引导，令他们对社会产生兴趣。

这三种孩子无一例外，都有极强的控制欲，总想支配他人。比如，我曾遇到过一个这样的小男孩，他在向喜欢的女孩表白时遭到了拒绝，他将此事视为对自己的侮辱。后来，在一个比他更小也更愚蠢的孩子的怂恿下，他竟然把女孩给杀害了。那些被宠坏的孩子，通常都极其依赖自己的母亲。

除了母亲，他们很难对其他事物产生兴趣。至于被忽视的孩子，这里更多的是指那些孤儿、私生子、被抛弃的孩子、丑陋的孩子和有身体缺陷的孩子。事实上，完全被忽视的孩子是不存在的，否则他根本没办法活下来。以上所述，就是我们要将罪犯分为两种类型的原因，这两种类型分别为被宠坏的漂亮孩子和被忽视的丑陋孩子。以此为基础，我们再去了解其他想要知道的事情，就会变得容易得多。

在教育孩子时，父母不能采用那些会令他们感到沮丧或挫败的方法，否则会损伤他们的自信心，令其陷入自卑，并对合作失去兴趣。无论是谁，都有机会战胜生活中的那些困难。但是，如果父母选择错了方式，孩子就可能会犯罪。所以，对于那些罪犯，父母必须先让他们意识到自己的错误，并弄清什么是正确的方法。除此之外，父母还要引导他们去关心别人，对别人产生兴趣并建立合作。如果所有人都能明白，犯罪并不是英雄的行为，而是软弱的表现，那么就不会有那么多孩子犯罪了，而罪犯也很难再找到借口推卸自身的责任。仔细研究罪犯们的情况，不管这些情况是否与真相有所出入，我们都可以得出一个结论，即一个人童年时期建立起的生活风格如果出现了错误，将会影响其一生。

这种错误的生活风格常常表现为缺乏合作精神。每个人都具备合作的潜力，这种潜力虽然来自于先天遗传，但其能不能发挥出作用，却由后天的训练来决定。我认为，罪犯之所以会走上犯罪的道路，最重要的原因就是他们缺乏合作精神。有些犯罪也会有其他原因，但那些都是附加的，具有偶发性的。要想反驳这一点，唯一的办法就是找出一个与众不同的、喜欢和他人合作的罪犯。但这似乎很难，至少在这么多年的研究中，我还从未见过这种特殊的例子，也从未听人提起过。所以，要想预防犯罪，最好的办法就是培养合作精神。只要我们还想彻底消除犯罪，就不要怀疑这一点。那么，到底该如何培养合作精神呢？事实上，这和我们教孩子学地理并没有太大区别，因为合作也像课本上的知识一样，是可以用恰当方法教授于人的真理。任何人，无论是孩子还是大人，没学过地理就去参加地理考试，都不可能取得一个好成绩。同理，不管是谁，没学过合作就去需要合作的地方生活，最后必然会走向失败。

无论想要解决什么问题，都需要合作。我们对犯罪的讨论到这里就要结束了，在此之前，我们必须拿出勇气直面一个现实，即尽管人类自诞生开始，在地球上已生活了数千万年，但直到今天，在解决犯罪的问题上，人们依然没有找到行之有效的方法。在人类历史上，虽然也采取过各种各样的方法，但都没有取得理想的效果，犯罪事件依然频频发生。通过坚持不懈地研究，最终得出了一个这样的结论：要想从根源上彻底解决犯罪问题，就必须找到一种行之有效的方法，可以将罪犯们错误的生活风格彻底扭转，并能保证其不会死灰复燃。如果找不到这种方法，做得再多，都只是徒然。

通过之前的研究可以得出一个重要结论，即罪犯和普通人并没有太大区别，他们的行为虽然恶劣，但依然符合人类的行为习惯。必须明白，不应该以一种特殊的眼光来看待犯罪，而是应该将它视为一种错误生活风格的外在表现。至于形成这种错误生活风格的原因，应该积极地找寻，而不应该以一种漠视的态度，任由其发展。只有做到这些，犯罪问题才可能得到改善。

怎样挽救歧途者

现在，我们已经具备了丰富的经验和充足的知识，完全有能力对一名罪犯实施改造。当然，这种改造最好在心理学家的指导下进行。不过，我们显然不能仅凭一己之力，就将所有罪犯错误的生活风格全都纠正过来。如此大的工作量，仅凭少数几个人的力量，是根本不可能完成的。更糟糕的是，这个工作量还在不断增加。受传统文化的影响，在面对无法解决的问题时，人们一旦发现凭自身能力不足以摆脱困境，就会抗拒合作。这就导致越是困难时期，犯罪率越高。利用我之前提到的方法，对罪犯的行为态度等方面进行纠正，我相信可以取得非常不错的效果。但必须注意的是，这种方法虽然可以改造大部分罪犯，但我们不能奢望，它可以把所有罪犯或者有犯罪倾向的人，都变成喜欢合作的人。这显然是不现实的。

不过即便如此，依然有很多事情可以完成。虽然我们无法一个一个地去改造所有的罪犯，但却可以为那些没有工作的人，或者在工作中陷入困境难以维持生计的人，提供一些行之有效的方法，来缓解他们在现实生活中受到的压力。只要是想工作的人，就应该竭尽所能地为其提供一份工作。这样一来，不仅可以保障其基本的生活需求，还可以维持其本就十分低下的合作能力。如果能长期坚持下去，犯罪率必然会降低。我们无法断言，人们生活在这种社会中就一定不会遇到经济问题，但不管怎么说，确立这样的目标，并长期坚持下去，还是很有必要的。为了保障我们的孩子在进入社会后，可以轻松自如地应对一切问题，应该提前让他们接受良好的职业培训。在这方面，我们已经取得了非常好的成果，所以要继续坚持下去。

虽然仅凭我们的力量，不足以为每个罪犯进行单独的指导，但却可以将他们集中起来，统一进行培训。例如，可以将他们集中起来，然后提出一个社会问题，鼓励所有人参与讨论，接着再向他们提问，引导他们将内心的想法说出来，并尽可能地把他们从其想象的生活中拉出来。必须让他们明白，对于这个世界，他们其实一无所知，仅有的那点了解，也是被他们扭曲过的。要引导他们放开自己的思想，不要为自己设限，要尽可能地摆脱恐惧心理，并鼓起勇气面对生活中的难题。我相信，这种针对罪犯的集体改造，必然会取得非常不错的效果。

我们应竭尽所能地去消除社会上的某些现象，因为这些现象会被罪犯和贫困者视为对他们的挑战。比如贫富差距，这种现象会令贫困者心生不平，并在愤怒的刺激下产生犯罪的冲动，所以必须压制或者消除奢侈的风气。社会的发展应尽量保持均衡，在大多数人都吃不饱的情况下，却有一小部分人保持着奢侈的作风，这显然不是一种正常的社会现象。对于问题儿童或者各方面发展较为落后的儿童，在为其提供帮助时，不应使用挑衅的方式。因为这会激起他们的反抗之心，令他们觉得自己是在跟整个环境对抗。一旦有了这种想法，他们通常凭借一股不服输的意志坚持到底，很难再做出改变。而我们的帮助，显然不会有任何效果。

同样的道理也适用于那些罪犯。如果面对罪犯时，警察、狱警、法官等采用的是一种威胁、严惩的方式，那么除了会激怒他们，引发他们的反抗之心外，并不能取得任何效果。严厉的刑罚既然无法起到作用，那不妨换一种态度和方式。如果不将他们的姓名和罪行公诸于众，说不定会取得更好的效果。必须明白，只有让这些罪犯清楚地意识到自身的处境，他们才有可能主动去改变自己的生活风格。只依靠政策是行不通的，不管这项政策是严苛的，还是温和的。威胁、严惩等手段，除了会激化矛盾外，并无其他作用。事实上，被这样对待的犯人，临死前唯一会感到后悔的是，自己不该那么不小心被抓到。

究竟是什么导致犯罪的，努力探寻这一真相，对我们的工作必然会起到积极的推动作用。通过调查可以发现，世界上有将近一半的犯罪行为是没有被发现的。这一事实会鼓励罪犯继续犯罪。屡次作案却一直未被抓住，罪犯的经验就会变得越来越丰富。现在，我们已经努力在改变这种情况，且这种努力会一直坚持下去。不过，在努力改变这种情况的同时，还必须明白更重要的一点，即不管是对在押的犯人，还是对被释放的犯人，都不应该进行侮辱或攻击。如果能够做到这一点，就可以增加缓刑的判罚。当然，前提是这些被判缓刑的人必须满足其他一些苛刻的条件，并对社会问题与合作关系有着深刻的了解。

虽然借助上述方法，可以改善很多事情，但却不可能彻底消灭犯罪。不过值得庆幸的是，还有另一套行之有效的方法。如果从一个孩子的童年时期就开始刻意培养他的合作能力，并对其加以引导，让他对身边的人和事产生兴趣，那么我相信，在很长一段时间里，犯罪率都会持续降低。因为要想引诱这种受过训练的孩子去犯罪，并不是件容易的事。他们可以镇定自若地面对生活中的困难，并始终对身边的人和事怀有强烈的热情和浓厚的兴趣。他们比没受过训练的孩子具有更强的合作能力，当他们遇到无法克服的困难时，完全可以利用这种能力与他人合作。

可以肯定地说，这种培养合作能力的训练，对孩子的家庭生活也会产生积极的影响。一个孩子如果能够拥有乐观的心态，远大的目标，独立的意识和良好的发展，那么对他的父母来说，必然是件十分欣慰的事。而且这种孩子通常能给予父母很大的帮助。如果能够像上面说到的那样，在孩子很小的时候就主动培养他们的合作能力，不需要太长时间，这种合作精神就会遍及整个人类社会，而人类的发展也将因此达到一个崭新的高度。帮助了孩子，从某一方面来看，也就等于帮助了家长和老师。

接下来就该说一说，要想让上述方法行之有效，该从哪里入手，以及该以何种方式对孩子进行训练，以便于提高其处理生活、工作问题的能力。在训练孩子之前，是不是应该先训练他们的父母呢？理论上是这样，但实际上，要想让所有父母都接受训练，几乎是不可能的事。越是需要训练的父母，往往越不愿意接受训练。他们连承认自己需要训练的勇气都没有，所以要想见到他们，往往得采取一些别的方式。既然很难借助家长的力量，那到底该如何去训练孩子呢？难道要把他们集中起来，监督他们所有的行为，并观察他们的成长过程吗？这种过于复杂的方式显然并不可取。事实上，还有另外一种更为简单和有效的方法，那就是将老师们集中起来，然后进行训练，让他们掌握培养孩子合作能力，以及纠正孩子在家庭生活中形成的错误态度和思想的方法，利用老师来引导孩子，使他们对社会、对他人产生兴趣，从而推动整个社会的发展。这种方法与人们设立学校的最初目的恰好一致。学校教育是家庭教育的补充，正是因为孩子在家庭生活中无法学会应对一切社会问题的办法，所以才有了学校。既然如此，那为何不利用学校对孩子进行训练，培养他们与人交往及合作的能力呢？只有当所有孩子都具备了这些能力，人类才能实现共同的幸福。

第七章
实现人生价值的主战场

人生活在这个世界上，最重要的一项责任就是选择自己喜欢的工作，然后以此为基础，不断地训练自己、激励自己。一个在童年时期就已明确了日后职业目标的孩子，他的发展会更为顺利。

合作的重要意义

限制人类的三种关系构成了人生的三大问题，这三大问题是人们无法逃避的，我们不能将它们拆开逐一解决，只有先解决了两个，才能在此基础上解决第三个。第一种关系构成了“职业问题”。人类生活在一个资源丰富的星球上，这个星球不但有土地、空气，还有森林、矿产等各种各样的资源。然而，无论哪种资源，都是有限的，这就给人类带来了很多问题。人们必须面对这些问题，并设法寻求解决的办法，这就是人类一直以来的主要工作。不过可惜的是，直到今天，人类依然没有找到完美的答案。但我们不会放弃努力，我们会不断提高自身能力，竭尽所能地向那个完美答案靠拢。

在这个过程中，人类已经找到了解决职业问题最好的方法。这种方法与第二个问题，也就是由第二种关系构成的“社会问题”，有着非常密切的联系。必须承认这样一个事实，那就是我们都是人类，同属于一个物种，为了生存，必然会与他人产生联系。如果地球上只存在一个人，那么他在没有同类可合作的情况下，会形成一套独属于自己的行为模式和生活风格。但对整个人类而言，只要还生活在地球上，就不可避免地要与他人接触，对他人产生兴趣，并与之建立合作关系。由此可见，与他人交朋友，培养社会责任感及合作精神，就是解决社会问题的最好方法。解决了第二个问题，再去解决职业问题，就会变得容易得多。

对人类而言，合作具有极其重要的意义，正是因为知道了如何合作，人类才有了分工意识。而分工合作的方式，则是保障人类幸福的重要前提。如果所有人都不愿意合作，也不愿意依靠先人的成果，只想凭借一己之力活下去，那么人类必然只会有一个结局，那就是走向灭亡。正是由于分工制度的存在，人类在各个领域才会出现如此多的专业人才。只有将这些人集中起来通力合作，人类的安全和幸福才能得到保障，并最终走向更美好的未来。现在的人类在分工合作制度和各方面的发展上，仍然有很大的进步空间。要想解决自身的职业问题，就必须遵循分工合作的制度，每个人都要贡献出自己的力量，人类社会才能得到更好的发展。

有些人想要逃避职业问题，不管是对工作，还是对为人类做贡献，他们都没什么兴趣。可是，他们虽然不想参与到工作中，但却总在寻求他人的帮助。他们不愿意为社会贡献一丝一毫的力量，却总想要侵占他人的劳动成果。这种人就是一些被宠坏的孩子，在面对生活中的困难时，总是将希望寄予别人。他们的这种做法，对人类的合作体系有害无益，同时还会给那些积极解决生活困难的人造成负担。

限制人类的第三种关系是“性别问题”。人类只有两种性别，男性和女性。对人类而言，性别问题是无法回避的，因为必须与异性合作，才能在人类延续的过程中完成自己的职责。这个问题与另外两个问题同样有着密切的关系，不能将其拆分开，逐一解决。事实上，要想得到幸福美满的爱情和婚姻，良好的职业发展是必不可少的，而与他人达成合作、建立友谊也是必需的。在当今的社会中，解决爱情与婚姻问题最好的方法就是一夫一妻制。这种方法不仅符合分工合作的制度，还符合人类共同的利益。在解决这一问题的过程中，个体的合作精神已显露无疑。

人生的这三大问题是一个整体，彼此联系，一个问题的解决可以促进另外两个的化解。因此，可以将这三个问题视为同一个环境的不同方面，或者同一个问题的不同层面，这个共同的问题就是，人类必须在当前所处的环境下繁衍生息。

这里必须再次强调一点，在人类的分工结构中，全职母亲并不比其他人逊色，只要她们能贡献出自己的力量，一样可以占据重要地位。一位母亲如果能够始终密切地关注孩子的发展与成长，并能给予积极的影响，培养孩子的合作能力，引导他们对身边的人和事产生兴趣，那么对人类社会来说，她就做出了巨大的贡献。在我们的文化中，对于母亲的贡献并不太重视，甚至将为人母视为一种低贱的工作。母亲付出劳动，却得不到任何报酬，如果没有其他工作，她在经济上就只能依赖于他人。可是，对一个美满的家庭来说，母亲的地位和价值并不逊色于父亲，两者对家庭的贡献是旗鼓相当的，无论母亲有没有出去工作。所以，在一个家庭中，母亲理应得到和父亲一样的地位与尊重。

职业规划要从小抓起

第一个对孩子职业兴趣的发展造成影响的人，就是母亲。孩子五岁之前所受的教育，对他之后各方面的发展具有非常重要的影响。每当有人向我咨询职业方向时，我都会先了解一下他们生命之初那几年的情况，看看他小时候对哪方面感兴趣。通过分析他们的最初记忆，可以知道，他小时候是用什么方式来训练自己的，也可以知道他最初是怎样的一种状态，还可以知道他在生命初期形成了怎样的统觉表。除此之外，最初记忆还有一些其他作用，我们后面再提。

孩子上学后会继续训练自己，但此时已经步入了第二个阶段。众所周知，现在的学校为了给孩子日后的就业打下一个良好的基础，越来越重视培养孩子的职业兴趣，并对他们的各项器官，如眼睛、耳朵、鼻子、四肢等，进行锻炼。对孩子未来的职业发展来说，不管是这种针对性的训练，还是普通学科的学习，都具有非常重要的作用。经常有人说，上学时学的拉丁语、法语等，早就被他们抛到脑后去了。话虽如此，但我们不能因此就否定了这些学科的重要性。根据调查，学习这些科目对锻炼心灵的各项功能大有裨益。有些喜欢创新的学校，都将培养孩子的职业技能作为工作的重点。这样做，不仅可以增强孩子的自信心，还可以为他们的发展提供助力。

一个在童年时期就已明确了日后职业目标的孩子，他的发展会更为顺利。当你询问孩子们以后想从事什么职业时，几乎每个孩子都能脱口而出一个职业，比如有的想当司机，有的想当飞行员等。这些答案显然不是深思熟虑的结果，可能就连他们自己，都不知道为何这样说。这时，就需要帮他们找到做出这种选择的原因，以及他们的优越感目标和达成目标的方法。只有这样，才能帮他们明确奋斗的方向，并给予鼓励。通过他们的答案，可以知道他们对什么工作最感兴趣。而明白了这一点，就可以从其他方面帮他们找到达成目标的方法。

在十二岁到十四岁这段时间，对于自己以后的职业，孩子通常已经有了较为清晰的认识。如果到了这时，他们还对此一无所知，那就有些可悲了。有些孩子表面看来缺乏自信，但这并不代表他们对任何事情都没有兴趣。相反，他们心中可能存在着远大的抱负，只是羞于说出口而已。这种情况下，需要多一点儿耐心，尽力去了解他们的兴趣所在。有些孩子，就算已经高中毕业了，对未来依旧茫然无知，他们根本不知道自己将来想要从事什么职业。这类孩子的学习成绩往往很好，但对自己的未来却毫无规划。通过深入的了解，可以发现，这类孩子同样富有野心，但合作能力却较为低下。因此，在社会的分工合作中，他们很难找准自己的位置，所以也就不知道该怎样将自己的理想变成现实。

由此可见，应该尽早对孩子加以指引，让他们找到自己的职业兴趣，这样才能为他们的发展提供助力。不管是学校还是老师，都应该经常向孩子提这方面的问题，以确保他们可以早一点儿思考自己的未来，不至于都要进入社会了还对自己的职业一片茫然。我经常问孩子为何会选择某种职业，大多数时候，他们都会做出详细的解答。根据他们选择的职业，我可以窥见他们的生活风格。一般情况下，孩子会说出他心中最有价值的东西，还会提及他想要努力的方向。职业并没有高贵卑贱之分，所以应该让孩子根据自己的喜好，去选择他们心中最有价值的职业。一个人，无论从事的是什么职业，只要他能做好本职工作，为社会贡献自己的力量，那他就是有价值的。人生活在这个世界上，最重要的一项责任就是选择自己喜欢的工作，然后以此为基础，不断地训练自己、激励自己。

有一类人，不管做什么工作都不会感到满意。他们想要的并不是一份稳定的工作，而是一种获取优越感的办法。在面对生活中的难题时，这种人除了抱怨生活苛待他们外，并不会有什么实际的作为。这种想法在那些被宠坏的孩子身上十分常见，他们不愿意付出努力去解决问题，总想寻求别人的帮助。还有一些人，在生命最早的四五年里就已经找到了令自己感兴趣的职业，但令人遗憾的是，在他们长大成人后，却可能因为各种各样的原因，比如父母的逼迫，或者经济问题等，不得不放弃儿时的理想，去从事一个自己不喜欢的职业。这种情况告诉我们，在儿童时期就开始培养孩子的职业兴趣及合作能力，还是很有必要的。

在儿童时期，如果孩子的视觉极为灵敏，很喜欢观察事物，那么他长大后所从事的工作就可能与视觉有关。当我们对一个人进行职业培训时，应该了解一下他的最初记忆，这是非常重要的一点。有些孩子对声音比较敏感，在回想最初的记忆时，他们会经常重复别人的话，或者模仿各种声音。这类孩子很可能是听觉型的，会喜欢与音乐有关的工作。还有的孩子在回顾最初的记忆时，想到的都是和运动有关的事，而他本身对运动也充满兴趣，这类孩子会喜欢与户外运动有关的，或者导游一类的工作。

有些孩子会以某个家庭成员——大多数时候都是他们的父母——为目标，立志要成为像他一样，或者比他更厉害的人。这是一种十分令人欣慰的想法，因为有这种想法的孩子通常会朝着这个目标努力奋进。如果他把当警察的父亲作为目标，那么他长大后有很大概率会从事律师、法官这类的职业。如果他的父亲是医生，那么他长大后也可能是医生。他的父亲是老师，他长大后就可能是大学教授。如果孩子立志要成为像父亲一样，或比父亲更厉害的人，那么父亲就可以根据自身的经验好好培养孩子。

有时，孩子有意或无意中做出的一些行为，可以训练他的某项职业技能。比如，立志当老师的孩子，有时会和其他孩子玩角色扮演的游戏，他当老师，其他孩子当学生。一个孩子喜欢什么，在他的游戏中通常会有所体现。喜欢当母亲的女孩，会像照顾婴儿一样照顾自己的洋娃娃。有些父母不喜欢孩子玩洋娃娃，因为他们觉得这会让孩子染上爱幻想的毛病。但他们不知道的是，孩子在照顾洋娃娃的过程中，其实训练了自己做母亲的能力。对孩子的职业训练，宜早不宜晚。因为如果太晚，孩子的兴趣就已经定型，再想去改变就很难了。如果孩子对机械感兴趣，那么尽早培养他这方面的能力，就可以为他以后的职业打下一个良好的基础。

有些孩子不想领导别人，只想被领导。他们总是希望找到一个领袖，然后心甘情愿地跟随他，听从他的命令。这种思想并不是一个好倾向，对个人而言，它毫无益处。所以，一个孩子如果有这种想法，应该尽量去帮他矫正或清除。否则在以后的工作和生活中，他将很难胜任领导者的角色，只能像无名小卒一样任人摆布。

一个孩子如果有过濒临死亡、重大疾病之类的经历，并对此产生了浓厚的兴趣，那么他长大后就可能从事医生、护士这样的职业。对于孩子的这种志向，应该给予支持，因为大部分立志当医生的人，都会从很小的时候就开始训练自己，并始终保持对这一职业的浓厚兴趣。不过，有过这类经历的孩子也可能从事其他职业，比如艺术、文学创作之类的工作。他们认为，自己的生命可以在作品中得到延续。除此之外，有些孩子也可能从事和宗教有关的职业。

有些孩子在长大成人后，终日无所事事，懒散、怠惰。这种错误的行为，也是在生命最初的那几年形成的。他们无力解决生活中的困难，所以只能逃避。要想以一种科学的方法矫正这种问题，就必须先找到形成这种错误思想的根源。如果我们生活在一个不用劳动就能得到一切的地方，那么懒惰就会被人颂扬，而勤奋则会遭人鄙视。可是，我们所处的现实生活并不是这样的，它要求我们努力工作，并具备合作和奉献的精神。关于这一点，人们过去是凭直觉来认识的，但是现在，我们可以用科学的手段对其加以分析。

尽早对孩子进行职业培训究竟可以获得怎样的好处，这点从那些被称为天才的人身上就能看出来。对天才的研究和分析，有助于我们更深刻地理解这一问题。能被称为天才的人，无不为整个人类的发展做出了巨大的贡献。也就是说，没有为人类发展做出过贡献的人，是不可能被称为天才的。人类共同的合作造就了艺术，在这一领域，那些能被称为天才的艺术家均有着非常卓越的贡献。例如荷马，他在自己的作品中提到了三种颜色，并说利用这三种颜色可以将所有颜色都区分开来。当时，对于不同颜色之间的区别，人们已经有了表面上的认识，但还不知道该怎么称呼它们。后来，正是在画家和艺术家的教导下，人们不仅学会了区分它们，还学会了帮它们取名。因此，人们必须承认这些人的贡献，并给予赞扬。除此之外，还有音乐家和文学家。前者为我们的听觉发展提供了助力，后者丰富了我们的语言文字。前者让单一枯燥的声音变得悦耳动听，滋润了我们的心灵。后者让人类的思想变得丰富多彩，提高了我们的气质，美化了我们的言行。

天才是所有人类中最善于合作的人。如果只是观察他们的言行，可能体会不到他们的合作能力，但其实，我们根本不可能找到比他们更热衷于合作的人。纵观他们的一生，我们很容易就能看清这一点。他们在与人合作时可能会遭遇很多问题。事实上，他们的整个生命旅途都是磨难重重。很多天才都有身体缺陷，因此我们难免会觉得，他们的生活充满磨难，必须凭借坚强的意志和不懈的奋斗才能逐一解决。尤为值得注意的是，大多数天才在很小的时候就已经发现了自己的兴趣所在，然后就开始有意识地训练自己。他们极力改变自己，以适应将来可能遇到的问题。由此可见，他们之所以能被称为“天才”，并取得如此辉煌的成就，依靠的并不是遗传或天赋，而是自身的不懈努力。他们通过努力取得的成果，最后又造福了整个人类。

如果童年时期就能打下坚实的基础，那么长大后要想取得成功就会容易得多。一个三四岁的小女孩，给她一个洋娃娃，当她想为这个娃娃缝制一顶帽子时，如果我们给予她鼓励，并传授她缝纫的技巧，那么她就会训练自己慢慢掌握这门技术。可是，如果在她缝制帽子时，我们大声阻止："快放下，别扎到手！我们完全可以去买一顶，何必这么麻烦！"女孩听后立即放弃了努力。两种情况相比，女孩在第一种情况下会因大人的鼓励和教导，迅速掌握一项职业技能，而在第二种情况下，则会丧失兴趣和信心，认为自己做的东西无论如何也比不上买的。

当家长过分强调金钱的重要性，孩子可能就会产生误解，认为挣钱多的就是好职业，挣钱少的就是坏职业。这种想法对孩子的发展十分不利，会让他们将注意力都放在金钱上，而忽略了对人类的贡献。每个人都需要保障自己的生活，以免成为他人的负担。一个人如果只看重金钱，就可能走上犯罪的道路，通过盗窃、诈骗等手段，获取不义之财。就算他没有犯罪，利用仅存的一点对社会的兴趣达成了自己的目标，那他的行为对社会、对他人也毫无意义。现在这个社会，利用不正当的手段获取金钱的大有人在，我们没什么可惊讶的。坚持在正确的道路上行走，努力工作，为社会做贡献，虽然这样不一定能够取得什么辉煌的成就，但至少我们保留了自己的勇气和尊严。

有些时候，人们会以职业问题为借口，逃避爱情和社会问题。比如，很多人都喜欢以自己工作很忙为借口，拒绝爱情和婚姻。一个男性工作狂或许会这样想："我要忙于工作，根本没有时间和精力去维系婚姻。所以就算婚姻失败了，也不是我的责任。"一些神经症患者也会想方设法地逃避婚姻和社会问题。面对异性时，他们要么是以错误的方式去接近，要么是以冷漠的态度拒绝。他们对别人毫无兴趣，因此很难与人建立友谊。他们整日埋头于工作中，无论白天黑夜，脑子里只有"工作"两个字。他们的精神总是处于一种高度紧张的状态中，时间一长，就可能发展成神经性疾病。然而，对他们来说，患病也是一件好事，至少可以让他们有更充足的理由去逃避爱情和社会问题了。还有一种人，总是不停地换工作。他们认为，这样可以帮他们找到最适合自己的位置。但实际上，这不过是一种缺乏毅力的表现。想要干好一份工作，毅力是必不可少的条件。因此，这种人最后什么都干不成。

在帮助问题儿童时，必须先了解他们的兴趣所在。从这方面入手，才能为他们提供实际性的帮助。相比之下，那些毫无心意的赞赏并没有多大作用。而对于那些失业者和工作不顺的中年人，在帮助他们时，同样要找到他们的兴趣所在，然后给出正确的引导，并为他们提供合适的岗位。这些事说起来容易，做起来却很难。现在，失业的人数越来越多，所有人必须尽可能地与他人合作，才有可能改善这种状况。我认为，彻底解决失业问题并非不可能，只要我们能让所有人都明白合作的重要性，并一起为之努力，那么总有一天，所有人都能找到适合自己的工作。

针对这个问题，可以采取很多措施，比如创办更多的职业学校，增加成人教育等。有些人之所以会失业，是因为他对这个社会毫无兴趣，而且也没有一技之长。有些人会因此萎靡不振，丧失自信，总觉得自己不如别人。时间一长，就可能罹患精神方面的疾病，或者走上犯罪的道路。还有那些自杀者，他们普遍没受过什么教育，总是落后于人，不愿意努力工作，也没有勇气面对生活中的难题。可见，家长、老师以及所有关注人类和社会发展的人，都应该让孩子接受良好的训练，以便于他长大成人后可以拥有更强的职业能力。

建立合作，增进友谊

与自己喜欢的人建立友谊是人类最初的愿望之一。人类社会之所以能不断进步，就是因为对自己同类始终保持着浓厚的兴趣。在家庭生活中，家庭成员之间应互相感兴趣。纵观人类历史，一直是以家庭的形式聚集在一起的。在原始部落中，通过共同的符号，人们团结在一起，并进行交流与合作。

最早的宗教就是对图腾的崇拜，不同的部落之间，崇拜的图腾也不一样。有的部落崇拜蜥蜴，有的崇拜水牛或蛇。有着相同的图腾崇拜的人，会自发地团结在一起，互相帮助，彼此合作。这些原始的习惯对培养人类的合作精神具有重要意义。在原始宗教祭祀日，有着相同图腾崇拜的人会聚集在一起，为维护共同的利益，商讨各种各样的社会问题，并研究在洪水、猛兽等灾害来袭时，该如何进行躲避。

人们通常认为，婚姻关系着整个集体的利益。有着相同图腾崇拜的人，会按规定去追求集体以外的异性。只有目光短浅的人，才会把婚姻当成一个人的事。事实上，婚姻是整个人类共同的事务，需要所有人合作一起完成。两个人结婚后，不管是妻子还是丈夫，都要承担起自己的责任，这是社会赋予他们的义务。社会还希望夫妻双方可以彼此合作，生养并教育出身心健康的孩子。愿意步入婚姻的人，大多喜欢与人合作。在原始社会中，人们会借助图腾或烦琐的制度，对婚姻进行约束。在现代看来，这是一种非常可笑的行为，但在那个时候，却起着极为重要的作用，它可以增进人与人之间的合作。

“爱你的邻居”，从中我们可以看出另外一种增强合作的方法。一些被宠坏的孩子或许会问：“为什么要爱邻居？他们为何不爱我？”从这个问题中，我们可以清楚地看到这类孩子的性格缺陷，他们都不喜欢与人合作，而且只关注自己的利益。他们虽无力解决生活中的那些难题，但却总想维护自己的利益，为此，他们甚至会去损伤别人。除了自己，他们对任何人都毫无兴趣。所以，大部分被宠坏的孩子最后都会成为失败者。

班级活动属于集体合作活动，其目的是为了推动所有同学共同进步，对于任何会阻碍学生实现合作的因素，都应予以消除。可见，要想判断一件事是否对集体有益，应该看这件事能否令集体团结得更紧密。能够促进合作的方法有很多，其中确实有优劣之分。但对我们来说，只要是能促进合作的，就不能仅凭个人喜好去抨击它。

社会兴趣和社会平等

家庭和学校，是培养孩子对他人产生兴趣的重要场所。我们已经研究过，究竟有哪些行为会阻碍孩子的发展。社会责任感并不来自遗传，但社会责任感的潜能却是遗传来的。能影响这种潜能发展的因素有很多，比如母亲教导孩子的能力、母亲对孩子的兴趣，以及孩子对所处环境的看法等。如果孩子认为，每个人都对他心怀敌意，那么他就会将所有人都当成敌人，并想方设法地进行反抗。这样一来，他就不可能与他人建立友谊。如果孩子认为，每个人都该对他表示顺从，那么他就会将所有人都当成奴仆，并只在乎自身的感受，丝毫不顾及他人的利益。这样一来，他就不可能在社会上谋生。

之前已经说过，在家庭生活中，必须让孩子明白所有人都具有平等的地位，要关心和爱护其他的家庭成员。除此之外，孩子的父母也必须和谐相处，并与外界保持友好而密切的联系。只有这样，孩子才会觉得，不管是家庭内部，还是家庭外部，都有值得信赖的人。进入学校后，也必须让孩子明白，班级是一个整体，他是其中平等的一员，他要与其他同学建立友谊，和谐相处。不管是家庭生活，还是学校生活，都是为以后的社会生活所做的准备，其最终的目标就是，将孩子培养为一个可以为社会做贡献的合格公民，使其成为社会中平等的一员。只有实现了这一目标，孩子才能鼓起勇气和信心，面对并解决生活中的困难，同时为社会、为他人做出贡献。

在我们身边，有很多这样的人，他们不仅拥有美满的婚姻，还有具备价值的工作，并能为社会贡献自己的力量。这种人不会觉得自己比别人差，也不会觉得自己不能胜过他人。在他们眼里，社会是充满善意的。无论发生什么事，他们都能够沉着冷静。他们总是能交到朋友，并顺利解决所有问题。他们可以清楚地感觉到，自己的体内充满力量，他们认为：

“这个世界是我的，我必须拼搏进取，勇往直前。”他们很清楚自己的地位，知道自己不过是人类历史上一个微小的分子，是人类过去、现在、将来这一历程中的一部分。除此之外，他们还能感觉到，在当前这个年代，唯有合作，才能实现人类共同的进步，他们必须为整个社会的发展贡献自己的力量。这个世界并不是完美的，它有肮脏、丑陋、艰难、痛苦的一面，但也有美好的一面，我们必须竭尽所能地去改善它。我们坚信，在改善世界这项伟大的工作中，如果每个人都能拥有正确的态度和方法，那么就可以尽到自己的责任。

尽到自己的责任，意味着我们要以合作的方式去解决人生中的三大难题。这个世界对一个人最大的要求和奖励就是，他要在工作中成为一名出色的员工，在人际交往中成为一位平等的伙伴，在爱情和婚姻中成为一个优秀的伴侣。总之，他必须将自己的合作能力和友好的品性展现在这个世界的面前。

第八章

好的婚姻幸福一生

爱情和婚姻其实是一种真挚的奉献，奉献的对象就是我们的伴侣。爱情的表现方式有很多种，比如心灵的默契、身体上的吸引，以及共同抚育儿女等。对爱情和婚姻来说，最重要的一点就是合作。这种合作不仅关系到两个人的幸福，还关系到整个人类的幸福。

爱情与婚姻的实质就是共同合作

据说，在德国的某个地方，流传着一种古老的风俗，用来检验一对未婚男女适不适合生活在一起。这对男女在结婚前会被带到一座广场上，广场上放着一棵提前准备好的树。为了检验这对未婚夫妻是否合作默契，他们要共用一把锯子将这棵树锯断。两人如果没有默契，就会给对方造成阻碍，导致任务无法完成。两人中如果有人想炫耀自己的能力，独立承担此事，那么就算最后能够把树锯断，也会花费大量的时间。由此可见，要想得到一个最好的结果，两人不仅要达成合作，还要配合默契。显而易见，从很早的时候开始，德国人就已经明白了组建美满家庭的基础是默契的合作。

如果有人问我，爱情和婚姻的实质是什么，我会这样回答："爱情和婚姻其实是一种真挚的奉献，奉献的对象就是我们的伴侣。爱情的表现方式有很多种，比如心灵的默契、身体上的吸引，以及共同抚育儿女等。对爱情和婚姻来说，最重要的一点就是合作。这种合作不仅关系到两个人的幸福，还关系到整个人类的幸福。"此答案或许还有不足之处，但这就是我对爱情和婚姻的看法。

其实，无论从哪一方面来看待这个问题，都能发现爱情与婚姻是一种合作关系，它们的最终目的是追求整个社会的利益。人类在追求爱情时，之所以会如此在意自己肉体的吸引力，就与这一点有关。我始终认为，正是由于身体上的各种限制，人类才无法在地球上获得永恒的生命，以至于最后只能借助肉体的吸引力和生儿育女的能力来繁衍生息。

在现代社会，人们在爱情中会遇到各种困难与纠纷。一对男女在结婚之后往往要面临很多考验，比如父母的关怀和干预，以及整个社会对他们生活的影响。要想解决这些问题，就不能从个人的感情出发，应客观地看待一切。在研究这个问题时，必须集中所有注意力，抛开一切规则和偏见，并尽可能地不让其他东西来干扰我们的思想。

在解决爱情和婚姻的问题时，不能把它当成一个孤立的问题。事实上，我们不可能仅凭个人的想法就去解决这个问题。因为每个人都是社会的一员，其所作所为都要受到一种或多种社会关系的限制。

如果一个人对他人的生活充满关心，那么无论做任何事，他都会为别人着想。在寻找解决问题的方法时，他也不会选择那些会损害他人利益的。不过有趣的是，他本人对此却可能一无所知，他甚至连自己的目标是什么都说不清楚。但他在前进时，却始终有一个非常明确的方向，那就是为了整个人类的幸福和发展而奋斗。他的一举一动都体现出了他对这个方向充满浓厚的兴趣。

还有一些人，对于同类的幸福毫不关心。他们从来不会去想：“我能为人类贡献什么？”或者“在这个大集体中，我要怎么做才能有益于他人？”他们唯一关心的就是：“对我来说，生活有什么意义？它能给我带来什么好处？如果我非常想要某种东西，需要付出什么代价？有没有人会关心我的利益？在别人眼里，我是什么样的？”一个人在面对困难时若是抱着这样的态度，那么他们在解决爱情和婚姻的问题时，就只会有一种办法，那就是不停地问：“这到底会给我带来什么好处？”

在一些心理学家眼中，人类之所以会相爱，纯粹是出于一种生理本能。但事实上，并非如此。虽然性是人类的本能，是一种原始的驱动力，但除了性，爱情和婚姻还包含许多其他东西。性原本只是一种本能，但是现在，无论我们从哪个角度观察，都会发现它已经变得更加文明、更加高尚了。人们始终在学习如何去克制自己的欲望。比如，在人际交往中，人们学会了如何去避免争吵；在日常生活中，人们学会了怎样将自己打扮得优雅得体；就算在饥饿的情况下，人们也会追求更高雅的口味，并注意用餐时的礼仪，而不会只满足于填饱肚子。我们的原始本能已经开始与我们的文明融为一体，从中可以看出，人类为整个社会的和谐所做出的贡献。

如果将这种思想应用到爱情和婚姻的问题上，就会发现，它关系到集体的利益，而且与人类的兴趣有着密切的联系。

解决爱情和婚姻的问题时，必须考虑到整个人类的利益。如果还没有意识到这一点，那无论做出怎样的努力，是妥协、让步也好，是修改婚姻制度也好，都没有任何意义。通过努力，也许可以找到更好的办法来解决这类问题。但这种办法之所以能更好，必然是因为它兼顾了以下几个事实：一、人类是一个群体，每个人都生活在同类之中；二、人类分为男女两种性别；三、每个人都要与他人建立联系，这是不可避免的。在寻找解决问题的方法时，只有兼顾这些事实，得到的答案才是经得起考验的真理。

对上述问题的探讨揭露了爱情的实质，其实所谓的爱情，就是一种需要两个人通过合作才能完成的工作。大部分人对这份工作都是陌生的，因为从小不是被教导着独立工作，就是被教导着和一群人工作，像现在这样，只和一个异性合作的经验是极少的。所以，这种完全陌生的情况可能会给我们造成一些困难，但只要两个人都能对彼此保持着浓厚的兴趣，这些困难就很容易克服。不过，如果想从根源上解决这种问题，并获得美满幸福的婚姻，就必须做到一点，就是关心爱护自己的伴侣胜过关心自己。这一点非常重要，它是所有幸福婚姻的基础。明白了这一点，就能够发现爱情和婚姻中的那些错误，并予以改正。要想建立真正平等的夫妻关系，对伴侣要比对自己更有兴趣。在婚姻生活中，如果每个人都能做到坦然相对，并真诚地为对方做贡献，就不会有被束缚或被轻视的感觉。夫妻双方都抱有这样的态度，婚姻才能平等。要想在婚姻中获得足够的安全感，并证明自己的价值，就必须竭尽所能地让对方过上安稳优渥的生活。综上所述，就可以确定幸福婚姻的基本保障是什么，那就是你要感觉到，自己是有价值的、是被需要的，自己的行为都是正确的，自己是一个好伴侣，同时也是一个好朋友。

在婚姻生活中，没有人会希望自己处于附属地位。两个人生活在一起，如果一方总想统治、驾驭另一方，那么就很难产生快乐。在现代社会中，很多男人都认为自己是一家之主，是一个家庭的领导者和掌控者，甚至很多女人也这样认为。但这显然是不对的，很多婚姻之所以会走向失败，就是因为这一点。一个处于卑贱地位的人，是很难获得快乐的。夫妻双方的地位必须是平等的，只有这样，才能团结起来克服各种困难。比如在生育这件事上，夫妻双方的意见必须达成一致，因为这会影响到整个人类的未来。我们都知道，如果父母的关系不和谐，会对孩子造成许多有害的影响。在这种槽糕的家庭氛围中成长起来的孩子，有很大概率会出现问题。所以，在教育孩子这件事上，夫妻二人必须团结一致。只有这样，在遇到问题时，才能齐心协力地去寻找解决的办法。

结婚前的准备

在现代社会中，很多人对于合作都毫无准备。人们从小到大接受的教育，过分强调了个人的价值，以及能从社会中获得什么，而从来没有关注过，自己可以为社会贡献什么。这就导致两个人结婚后的合作如果不顺利，就会产生严重的后果。婚姻是一种极为亲密的关系，大部分人在结婚之前都没有过这样的体验。所以，两个人在步入婚姻后，很难能够立即适应新身份，也很难马上为对方着想，去考虑伴侣的利益、健康、希望等，在面对各种问题时，也几乎没有任何准备。因此，当婚姻生活中频繁地出现错误时，根本不用惊讶。要学会面对这些错误，并在以后的生活中避免再犯。

在面对成年生活的危机时，如果没有经受过专业的训练，就可能陷入困难。因为一直以来，我们在面对生活中的问题时，都是根据自己习惯的生活风格做出反应。在结婚之前，人们必须花费大量的时间进行准备。通过一个孩子的态度、行为和思想，就能看出他是如何训练自己以应对将来可能会遇到的问题的。

建立友谊是培养孩子对社会产生兴趣的一种有效手段。在这个过程中，孩子能够学会怎样与人交流，怎样为他人着想。不过，那种遇到困难就寻求他人帮助、性格内向、从未有过朋友的孩子，是不可能学会这些东西的。这类孩子总是以自我为中心，只在乎自己的利益。

通过游戏，可以很好地培养孩子的合作精神。不过在游戏的过程中，有些孩子只在乎输赢。如果能将孩子集中起来，让他们共同学习、阅读和工作，将会取得很好的效果。跳舞也是一种能够培养孩子合作精神的有效手段，因为很多舞蹈都需要两个人才能完成。千万不要小看舞蹈的作用。不过要强调一点，这里所说的舞蹈是指那种需要两个人合力完成的舞蹈，而不是那种需要上台表演的多人舞蹈。一些适合儿童的简单舞蹈，能为教育孩子提供很好的帮助。

此外，对于友谊的训练，可以为婚姻打下良好的基础。在童年时期，人们就已经流露出了对爱情和婚姻的期待。这种期待并不是指他们已经有了成年人的性需求，而是指他们已经对这个问题有了基本的认识，并且已经意识到自己是社会生活中的一员。由于从小就生活在具有爱情和婚姻的环境中，所以当他在心中构筑自己的未来时，也会把这两者包含进去。什么是爱情，什么是婚姻，他们会在自己的心里对其进行解释，并拥有自己的看法。有些孩子很小的时候就对异性产生了兴趣，并想要与之接触，不应该把这当成错误，或者认为孩子早熟，更不应该嘲笑他们，而是应该表示肯定，并告诉他们，爱情是美好的，是每个人都要经历的旅程，像他们这样，提前为爱情和婚姻的到来做准备是非常有必要的。这样一来，爱情就会在孩子心中留下一个美好的印象。等他们长大成人后，才会耐心、真诚地与自己的伴侣相处，并成为一夫一妻制的忠实拥护者。就算他们的父母没有一个美满的婚姻，他们也不会受到太多影响。

我始终认为，不应该让孩子过早地接触性方面的知识，或者了解超出他们理解范围的性知识，否则将可能严重影响他们对婚姻的态度。在教育孩子时，如果家长使用了不恰当的方法，就可能让孩子对婚姻产生恐惧，认为婚姻是危险且不可捉摸的。据我所知，一个孩子如果五六岁时就已经接触了性知识，在爱情上就很容易遭受失败。那些思想早熟的孩子也是如此。对这类孩子来说，身体的接触是非常危险的事情。如果孩子到了一个相对成熟的年纪后再去了解这方面的事情，就不会产生恐惧心理，也不会在与伴侣的相处中频繁地出现问题。

当孩子提出问题时，父母不要欺骗，也不要回避，而是及时地给予答案，并找出他们提出这种问题的原因，然后向他们解释他们感兴趣并且能理解的东西。这样一来，不仅可以帮到孩子，还可以避免让他们听信一些扑风捉影之谈。那些从别处听来的、毫无根据的性知识，对孩子的危害尤其大。爱情问题也和其他问题一样，应该让孩子自己去解决。当然，父母可以从旁指导，但主要依靠的还是孩子自己的力量。如果孩子和父母之间是互相信赖的，一些不必要的问题就会消失。有些人认为，孩子从同龄人那里获得的错误信息，可能会引诱他们走上歧途。但我觉得，这没有什么科学的依据。事实上，一个正常的孩子完全能够区分出哪些话是真的，哪些话是假的，他们不会听到什么就信什么。当他们不能确定真假的时候，他们就会去询问家中比自己年长的人。不过有些孩子性格腼腆，在这种事情上往往羞于向长辈开口。

爱情中的身体吸引，在童年时期就已经展露出来。孩子对异性的好感和吸引力，都是从身体吸引开始的。一个男孩对身边所有异性的印象，会影响他以后对伴侣的选择。有时，他也会受某件艺术作品的吸引，形成个人独特的审美观。之后，他所有的行为，都将受这种审美观的影响。也就是说，在以后的生活中，接受过这方面训练的人会失去自由选择的权利，他们所有的选择都会受到这种审美观的限制。但是，这种对美的追求并非毫无意义。我们的审美观都是以自身健康的体魄为基础建立起来的。事实上，人类所有的功能和能力，都以此为基础，这是我们无法逃避的。在我们眼中，那些美丽的事物不仅有巨大的魅力，还是永恒不变的。所以我们才一直追求美，而这种追求会激励我们，令我们不断地向前发展。我希望，我们的孩子将来也能继续这种追求。

如果在家庭生活中，女孩与父亲关系不好，男孩与母亲关系不好（在夫妻关系不睦的家庭中，这种情况很常见），那么这些孩子长大以后，在选择自己的伴侣时，就会选择那些与自己的父母完全不同的类型。比如，一个男孩如果生性怯懦，不喜被人管束，对母亲的挑剔充满反感，那么他长大后选择的伴侣，就可能是性格比较柔顺的女孩。但是，这种关系并不平等，所以他们的婚姻也很难获得幸福。如果男孩想证明自己很强大，那么他也可能选择一个性格较为强势的女孩作为伴侣，然后通过压制女孩来展现自己的男子气概。如果他与自己的母亲隔阂极深，那么他对爱情和婚姻，以及异性的兴趣就会大大降低。如果程度严重的话，他就可能成为一名性欲错乱者，彻底对异性失去兴趣。

如果父母关系和谐，那么孩子就会以一种更好的心态去迎接爱情和婚姻，而且他在这方面已经做了充足的准备。父母之间的关系，往往决定了孩子对婚姻的最初印象。所以我们很容易就能理解，为何一个从小生活在恶劣家庭氛围中的孩子很难获得幸福的婚姻。如果父母的合作能力低下，那么他们教育出来的孩子也就无法拥有强大的合作能力。一个人适不适合结婚，通常可以从以下几点来判断：他从小生活的家庭是否和谐美满，他在这方面有没有接受过正确的引导或训练，以及他是如何对待父母及其他家庭成员的。除此之外，还有最重要的一点，即他是在什么样的环境下建立起了对爱情和婚姻的印象，并做出了这方面的准备。当然，环境并不能直接决定一个人的行为。但必须注意的一点是，他对环境的态度。我们无法断言，一个在恶劣家庭氛围中长大的孩子，婚姻就一定会失败。事实上，可能正是因为他目睹了父母不幸的婚姻，所以才刻意培养自己这方面的能力，以便能在以后的婚姻中表现得更好。

此外，一个人是否准备好了结婚，从他在工作中的表现上就能看出来。在现代社会中，人们普遍需要先解决职业问题，才能解决爱情和婚姻的问题。因为只有在一方或者双方都有工作的情况下，家庭收入才能得到保障，婚姻生活才能幸福。也就是说，工作是美满婚姻的前提。

造成婚姻失败的原因

婚姻中最恶劣的情况就是只关注自己的利益。一个人如果有这种思想，那么他每天想的最多的就是，我该怎样从生活中获取更多的快乐。他只在乎一个人的自由和洒脱，从不会为伴侣着想。这显然是一种既错误又愚蠢的行为，虽然称不上犯罪，但解决爱情和婚姻这一问题的方法和方向都发生了严重的错误。在爱情与婚姻中，任何只关注自身利益或逃避责任的行为都是不可取的。爱情双方如果互不信任，就不可能获得幸福。要想拥有美满的爱情与婚姻，就必须抱有始终如一的决心，持之以恒地与伴侣合作。这种决心和坚持还体现在其他方面，比如生养和教育子女上，必须训练他们与人合作的能力，让他们成为社会中具有平等地位和较强社会责任感的人。每个人都应谨记，幸福美满的婚姻对培育下一代具有极其重要的意义，这是教育子女最好的方式。婚姻和工作一样，都有自己的原则，不能仅凭个人喜好去行事，无论何时，都要记得合作。

如果非要给婚姻加上一个期限，不管是五年还是十年，都不能称之为真正的婚姻了，只能说是一场试验。这种婚姻也不可能获得真正的爱情，因为给自己留有后路的人是不可能全心全意付出的。任何一件需要认真对待的事，不管是工作还是婚姻，都不应该留有后路。因为有了后路，就会存有私心，这样造就出来的爱情是不完满的。那些在婚姻中随时准备退缩的自私者，都会走上一条错误的道路。他们的临阵脱逃会给伴侣造成严重的伤害，以至于令对方丧失对这份感情的信任，并最终收回自己的真心。

在现代社会中，人们总是被各种各样的问题困扰，以至于生活和婚姻总是困难重重。人们一直在寻求解决的办法，但始终不能如愿。可即便如此，也不能因此就舍弃爱情和婚姻，而是应该努力解决生活中的问题。我们都知道，要想拥有美好的爱情，就必须做到这样几点，比如真诚、专一，以及毫无保留地爱对方等。那些心中满是犹豫怀疑的人，并不适合婚姻。而那些喜欢追求自由的男女，也不适合在一起，因为他们根本不可能坦诚地对待另一方。在爱情和婚姻中，不存在完全的自由。一旦步入婚姻，我们就不能再随意行事，而是要与对方合作，共同生活。

如果婚姻双方不能达成合作，将严重损害他们自身的利益，而婚姻本身也会受到不利影响。现在，我们用一个例子来说明这个问题。有一对夫妻，两个人都曾受过良好的教育，而且都有婚姻失败的经历。因此，他们对这次婚姻充满期待，希望可以获得更好的体验。为此，他们付出了很多努力。可是，两个人不知道的是，他们上一次的婚姻之所以失败，是因为缺乏合作精神。他们都追求自由，不想受到婚姻的束缚，于是两人约定，双方可以做任何自己想做的事情，但必须信任彼此，不能有所隐瞒。于是每天下班回家，丈夫都会把自己在外面的风流韵事讲给妻子听。而妻子不仅不在意，还颇为享受，觉得自己的丈夫十分有魅力。妻子也想像丈夫一样，出去享受多彩的生活，但不幸的是，她还没付诸行动，就患上了广场恐惧症。这种精神疾病令她根本不敢迈出家门，就算勉强出去，也会因为身体上的痛苦和精神上的恐慌而被迫回来。表面看来，这种病症有效地阻止了她将自己的想法付诸实践，但实际上远不止如此。由于她无法外出，她的丈夫也失去了自由，不得不留在家里照顾她。双方的约定就这样被打破了。妻子不敢独自出门，自然也就无法再去追求所谓的自由。妻子要想摆脱这种疾病的困扰，就必须先弄清楚，婚姻究竟是什么。至于她的丈夫，也必须懂得婚姻需要夫妻双方的共同合作。

有些错误在婚姻开始前就有了。结婚之后，那些被宠坏的孩子经常觉得，伴侣不够重视自己。他们很难适应社会生活。他们的情绪有时会不受控制，以至于给伴侣带来非常糟糕的体验。他们的伴侣会觉得，自己仿佛生活在牢笼之中，被压迫得几乎喘不上气来。时间一长，他们必然会发起反抗。如果是两个被宠坏的孩子结成了夫妻，就会不停地产生矛盾。因为他们都想让对方关注自己，而自己却不愿意关注对方。为了吸引对方的注意力，另一方可能会采取一些不恰当的方式，比如寻找第三者。有一些人，与一个人恋爱根本无法满足他们，他们总是同时和好几个人存在恋爱关系。他们用这种方式追求自由，不想为感情负任何责任，每当遇到问题，他们就从一个人身边逃到另一个人身边。然而，这样摇摆不定的感情，最后注定什么都得不到。

还有一些人，心中充满了对浪漫爱情的幻想，他们沉浸在这种幻想中，以至于很难在现实中找到伴侣。由于对爱情具有极高的期待，他们会变得非常挑剔，如果无法在现实中找到幻想中的完美伴侣，他们甚至会拒绝与异性交往。在成长的过程中，有些人的性格特征会出现偏差，以至于对自身的性别充满排斥和反感。在女性中，这种情况尤为明显。她们习惯性地压抑自己的性欲，如果不进行训练，她们就很难走进婚姻。这就是我们之前提到过的“男性倾向”。在现代社会中，很多女性都有这样的错误认知，这是因为人们普遍认为男性具有比女性更重要的地位。一个对自身性别充满怀疑的孩子很难获得安全感。在男性占据优势地位的情况下，无论男孩还是女孩，都会情不自禁地对男性角色产生羡慕，甚至会因此质疑自己，觉得自己没有能力承担起男性的职责。一旦有了这种想法，他们就会进一步强调男性地位的重要性，并尽量避免将自己男性化的程度暴露在外。现在很多人都对自己的性别不满意，这可能就是造成女性性冷淡和男性阳痿的原因。这类人对于爱情和婚姻充满抗拒，常常因此出现很多问题。要想解决这类问题，只有一个办法，那就是实现真正的男女平等。不喜欢自身性别的人，很难获得美满的婚姻。所以，我们必须从小就培养孩子，让他们明确自己的性别，并竭尽所能地实现男女平等。

我认为，结婚之前应尽量避免发生性行为，这是对爱情和婚姻最大的保障。根据调查，大多数男性都会因妻子在结婚之前就与人发生过性关系而感到不满。一些男人尤其重视这一点，会因女性婚前的性行为感到吃惊和愤怒，并认为这样的女性是极不纯洁的。婚前性行为通常会给女性造成很大的负担。如果一段婚姻的缔结是出于恐惧，而非勇气，其结果可想而知。婚姻需要合作，而合作需要勇气。出于恐惧而结婚的人，是不可能全心全意地对待另一方的。如果在一段婚姻中，两人各方面条件相差极大，也会出现这种情况。条件较差的一方对婚姻会心存畏惧，并总是想得到另一方的肯定和尊重。

维持婚姻幸福的秘诀

可以根据一个人在异性面前的勇敢程度，判断他是否能与异性合作。在接近异性、向异性表达爱意方面，每个人都有自己的方法。这种方法与他的生活风格保持一致。可以根据一个人在恋爱期间的言行，判断他是否具备合作能力，是否对他人感兴趣，是否对人类的未来充满信心，是否能勇敢地面对异性，是否会以自我为中心，总是不停地问自己：“我会遭遇什么？别人是怎么看待我的？”人们在向异性表达爱意时，可能很小心，也可能很热情。但不管是哪种表达方式，都必然与他们的生活风格保持一致。或者也可以说，这本来就是他们生活风格的一种外在表现形式。一个人适不适合结婚，不能只看他追求异性时的种种表现，因为这太过片面。一个人在恋爱中有着非常明确的目标，所以可以表现得很勇敢，但这并不代表他在其他情境中也能如此。事实上，他在别的环境中可能是一个非常怯懦和优柔寡断的人。但不管怎么说，他在恋爱中的行为还是能让我们了解到一些东西的。

我们的文化普遍认为，男性应该采取主动，率先向女性表达爱意。为此，人们会故意训练男孩的勇气和主动性。不过，必须先让男孩明白，他是社会生活的一员，他的利益与社会生活的利益息息相关。只有这样，男孩才愿意接受这种训练。其实，女孩在一些情况下也可以采取主动，向男孩表达爱意。但是大多数时候，女孩还是被动的一方。通过观察女孩的言行和穿着打扮，可以了解她对异性的态度。综上所述，可以说，男性在追求女性时，态度往往是简单直接的，而女性在追求男性时，态度往往是复杂含蓄的。

在婚姻生活中，提高自身对伴侣的性吸引力，还是很有必要的。但前提是，这必须符合人类的幸福准则。一对夫妻，如果对彼此存在浓厚的兴趣，他们之间的性吸引力就不会突然消失。一旦性吸引力消失，通常就说明他们对彼此已经失去了兴趣，他们之间也不再是平等、友善、共同合作的关系。有时候，一些夫妻会说他们依然对对方感兴趣，但却不再想和对方发生性关系了。这种说法其实很荒谬。人的大脑会撒谎，会故意隐藏真相，但人的身体却不会，它的反应往往是最真实的。不想再与对方发生性关系，潜在的含义就是不想再与对方合作了。至于为何会这样，可能是双方已经对彼此丧失了兴趣，也可能是一方想要逃离现在的生活，不想再承担爱情和婚姻的责任了。

人类有别于动物的一点是，人类的性驱动力是持续性的。

人类能够获得幸福，并持续增长，度过种种灾难延续至今，都有赖于此。为了让种族延续下去，动物们选择了其他一些方式。比如，一些雌性动物会产很多很多的卵，以确保就算遭到破坏，也能有足够多的卵存活下去。至于人类，保证种族延续的方法则是生儿育女。因此，在爱情和婚姻中，生儿育女占据着非常重要的地位。不过，有些人对生育子女没什么兴趣，这种人大多对同类漠不关心，或者只想得到，不愿付出。这种人通常只在乎自己，在他们眼中，孩子是负担，是麻烦，是困扰。任何想要走进婚姻殿堂的人都应该明白，在美满的婚姻中，生儿育女是必不可少的一件事，是人类繁衍生息的最好方法。[1]

在爱情和婚姻中，我们提倡一夫一妻制。不管是爱情还是婚姻，都需要双方真诚的付出和关怀，这是维护婚姻关系的基础，同时也是爱情不可或缺的因素。但是，这并不代表婚姻关系不会破裂。事实上，直到今天，也没有发现什么东西可以保障婚姻关系的永久存续。将爱情和婚姻看成一项工作，有助于解决这方面遇到的问题。一段婚姻之所以会破裂，是因为夫妻双方都不愿意付出努力去维护。两个人都想得到，不想付出，这样的关系怎么可能会长久呢？对于爱情和婚姻，不应抱有太大期望，也不应将婚姻视为爱情的终结。应该将

1 这是阿德勒时代的婚姻观和生育观，请辩证看待。——编者注

婚姻视为一种开始，夫妻双方建立合作、共同生活的开始。步入婚姻后，人们才会面临真正的工作和生活，才有机会为整个人类做出贡献。

在现代社会中，很多人，或者很多文学作品，都将婚姻视为爱情的终结或最后的目标。但实际上并非如此，婚姻是夫妻生活的开始，并不是文学作品中描绘的那种爱情圆满的结局。这里还必须明白一点，爱情并不能解决一切问题。爱情的种类有很多，要想维护婚姻的长久，就必须依赖于工作、合作和兴趣。

婚姻关系并非不可捉摸。一个人对婚姻的态度，通常与他的生活风格保持一致。要想进一步了解婚姻，首先要对伴侣的品质和人格有个充分而全面的了解。一个人的人生目标，与他在婚姻中的目标通常是一致的。比如，我们十分了解的那种被宠坏的孩子，他们在生活中习惯逃避一切问题，那么在婚姻中也同样如此。这种孩子长大后通常会成为社会中最危险的那类人，他们在四五岁时就已经建立起了自己的生活风格，他们从小到大思考最多的一个问题就是："是不是我想要什么就有什么？"他们会因得不到想要的东西而对生活失去信心，他们会想："生活对我来说有什么意义呢？我连自己想要的东西都得不到。"这种人悲观消极，心中经常有"寻死的欲望"。他们看起来有些神经质，经常想从自己错误的生活风格中归纳总结出一种哲学，并认为自己的错误思想是举世无双的，没有人能够比拟。他们对这个世界憎恶至极，只因他们觉得自己的欲望和思想在这个世界受到了压抑。他们以前生活得十分幸福，想要什么就有什么。这就给他们造成了一种错觉，认为自己只要大声叫嚷、生气，或者对合作表示出抗拒，那么不管他们想要什么都可以得到。他们只关注自身的利益，对整个社会的利益毫不顾惜。他们不愿意付出任何努力，只愿意坐享其成，因此变得越发贪心不足。面对婚姻时，他们也是如此。他们不愿意受到任何束缚，因此常常在结婚前立下协议，双方无须对彼此保持忠诚。可是，一段真正的爱情必然具有这样的特征：双方对彼此具有浓厚的兴趣，所以他们愿意永远忠于彼此，永远为对方负责。一个人的婚姻如果不幸福，那么他就应该检讨自己，看自己在婚姻中都犯了哪些错误。

在婚姻中，夫妻双方还要关心孩子是否幸福。这一点也十分重要。如果一段婚姻不是建立在我所倡导的观点之上，那么在养育子女的过程中，必然会出现许多问题。如果夫妻经常发生争执，对婚姻毫不关心，并且不愿意付出任何努力去改善彼此的关系，那么这种婚姻必然会给他们的子女带来极为不利的影响。

一对夫妻或许可以找出很多理由来证明他们不适合生活在一起，可能对他们来说，最好还是离婚。但是，该由谁来做这个决定呢？是由那些没有受过多少教育，对婚姻毫不了解的人来决定吗？这显然不行。因为这种人对待离婚和对待结婚并没有什么不同，他们永远只考虑一个问题，那就是：“我能从中得到什么？”这种人的意见毫无参考价值。还有一些人，总是重复同样的错误，有过多次结婚和离婚的经历。他们的决定又是由谁来做呢？或许有人会让精神病学家提供意见，这在美国显然是行不通的。我不知道美国是怎么看待这件事的，但是在欧洲，许多精神病学家都认为，个人利益才是最重要的。因此，他们在解决婚姻问题时，最常给出的建议就是去外面找个情人。这种建议显然是错误的，我认为他们总有一天会意识到这一点。他们之所以会犯这种错误，是因为他们并没有全面地了解爱情和婚姻问题，也没有认识到这个问题与职业和社会问题是一个整体，有着十分紧密的关系——这一点是非常重要的。

在解决爱情和婚姻问题时，人们经常犯错，以为凭借一己之力就能解决一切问题。美国在这方面的情况我并不太了解，但是在欧洲，不管是男孩还是女孩，如果罹患了某种精神类的疾病，那么精神病学家就会建议他们去谈一场恋爱，或者和某人发生性关系。他们对成年人的建议也是如此。在他们眼中，这个世界上就没有爱情和婚姻治愈不了的病症。可实际上，这种可以治疗一切病症的良药除了让患者更加迷茫外，并没有什么作用。在爱情和婚姻中，个人的幸福与价值能够得到最大的体现。婚姻是否幸福，往往能反映出一个人的人格。因此，必须重视这一问题，不能将其当成治疗罪犯、酒鬼和疯子的药方。神经症患者要想解决爱情和婚姻的问题，就必须接受专业的训练。如果毫无准备就鲁莽行事，那么必然会遭遇很多挫折。除此之外，婚姻还是一种崇高的理想，令人满怀美好的期望。要想解决婚姻中的各种问题，就必须竭尽所能地付出和创造。只有身心健康的人才能处理好这个问题。

有些人在结婚时，可能怀有不正当的目的。他们可能是为了获取经济利益才结婚的，也可能是出于同情，还可能是想找个人伺候自己。但不管是哪种目的，都背离了婚姻高尚的品质。还有一些人，竟然是为了给自己增加负担才选择结婚的。例如有个年轻人，在学习和工作上都一事无成，他觉得自己这一生都无法摆脱失败的命运。为了安慰自己，帮自己找个借口，于是他选择了结婚。这样一来，再遭遇失败，他就可以说是婚姻拖累了自己。

我们必须重视爱情和婚姻的问题，不能放任不管。在这个社会上，男性通常占据着更大的优势，所以在失败的婚姻中，女性往往更容易受伤。这种糟糕的情况不是我们凭借一己之力就能改变的。在婚姻中，任何一方的反抗都会对婚姻造成破坏。要想改变当前的情况，就必须了解社会上大部分人在这一问题上的态度，并竭尽所能地说服他们做出改变。我有一个底特律的学生——洛希教授。他曾做过一项调查，结果发现所有女性中，大约有 42% 的女性想要变成男性。这说明，有将近一半的女性都对自身的性别不满意。这一半人不满意于自身的处境，也不满意于另外一半的人占据更高的地位，在这种情况下，爱情和婚姻的问题究竟该如何解决？如果在这个社会上，女性只能拥有卑贱的地位，而且要经常受到压迫，只能成为地位更高的男性的附庸，而男性却可以见异思迁，同时拥有很多个女人，那么在这种情况下，爱情和婚姻问题又要怎么解决呢？

通过上述内容，可以得出一个简单又实用的结论：人类并不是天生就是一夫多妻或者一夫一妻的。人类分为男女两个性别，与自己的同类一起生活在这个地球上，并且必须和周围的人建立平等、互助的合作关系，还要解决人生的三大问题。在这种情况下，实行一夫一妻制，是人类获得美满爱情与婚姻的唯一办法。

第九章

做父母的职责

一个家庭内不存在权威，家庭成员之间才有可能实现真正的合作。在教育孩子这个问题上，父母应该通过协商来解决。他们必须记住一件非常重要的事，即无论对哪个孩子，都不应太过偏爱。

母亲是孩子的根基

孩子刚刚降生在这个世界上，就迫不及待地想与母亲建立联系，他的任何一种行为，都是为了达成这个目标。在最初的几个月里，婴儿的成长完全依赖于母亲的照顾。此时，母亲对婴儿具有至关重要的作用。一个人合作能力的开发就始于这一时期。对婴儿来说，除了他自己，母亲是他接触到并产生兴趣的第一个人。婴儿借由母亲与社会生活建立起了联系。一个婴儿如果无法与母亲或者代替母亲的人建立联系，那么必然会走向死亡。

孩子与母亲之间的关系，不仅极为密切，而且影响深远，以至于后来我们根本无法指出，他身上的哪些东西来自于先天遗传，因为他那看似遗传的特质，在母亲的教导、训练和修正下，早已面目全非。孩子所有的潜能，都受母亲的技巧影响。这种技巧既包括她与孩子合作的能力，又包括她使孩子与她合作的能力。要想让孩子掌握这种技巧，母亲应该在不断出现的新情境中去认识孩子、理解孩子，而不应该只是给予死板的教育。而母亲要想掌握这种技巧，就必须发自真心地去关爱孩子，维护孩子的利益，并愿意为了得到孩子的感情而付出一切。

母亲的所有行为都体现了她的态度。她随时随地都可以与孩子建立联系，比如抱着孩子四处走动时、与孩子说话时、给孩子洗澡或者喂他吃饭时。一个母亲如果无法熟练地完成这些事情，或者本身就不太喜欢孩子，那么她的动作就会很粗暴，并且会引起孩子的抵抗情绪。如果她不擅长给孩子洗澡，孩子对洗澡就不会有任何好感。这样一来，母亲和孩子之间就很难建立起一种亲密的关系，孩子甚至会对母亲产生抗拒。哄孩子睡觉时，母亲的所有动作和表情，都必须富有技巧。无论是她在孩子身边照顾，还是让孩子独处，都是如此。孩子所处环境中的每一个因素，她都必须考虑周全，包括空气质量、室内温度、营养情况、睡眠质量、屋内整洁等。千万不要小看这些细节，孩子会不会喜欢母亲、愿不愿意与母亲合作，很多时候都由这些细节决定。

一个母亲不可能随随便便就拥有这些技巧，她必须经过长时间的训练，并且对孩子十分感兴趣。这种训练在她很小的时候就已经开始了。比如，她还是个小女孩时，对比她小的弟弟妹妹们的态度。又比如，她对婴儿流露出的兴趣，或者对自己未来工作的兴趣。这些都是这种训练的最初表现。对于男孩和女孩，母亲应该给予不同的教育，因为长大以后，他们要面临的是不同的工作。在教导女孩时，必须传授给她做母亲的技巧，并让她认识到母亲这一角色的乐趣和意义。当她能够做到这些，并能把做母亲当成是一种创造性的工作，那么她在今后的生活中，就能成为一位合格的母亲，而不至于对这一角色感到失望。

然而令人遗憾的是，在我们的文化中，对为母之道并不受重视。社会上重男轻女的思想会打消女孩对母亲这一角色的兴趣，毕竟没有人会喜欢屈居人下。不愿意当母亲的女孩，在结婚之后，会利用各种方式来表达自己的抗拒。她们不愿意生孩子，也不知道该如何照料孩子。对于孩子的到来，她们没有任何期待。在她们眼里，抚育孩子是一件麻烦又令人憎恶的事，毫无乐趣可言。女孩丧失做母亲的兴趣，或许是现代社会最大的问题，但却很少被人重视。女性对为母之道的态度，对人类社会的维系存在着决定性的影响。

对大部分男人来说，当他们还是个孩子时，就已经形成了一种观念，即做家务是件很丢脸的事，认为那是仆人的工作。很少有人会把做家务当成是女性的贡献，大多数人都认为，那只是一种地位卑微的表现。如果一个女人能将做家务当成是一件充满乐趣的活动，并很高兴能用自己的劳动去丰富家人的生活，那么对她来说，做家务就是一件不逊于任何职业的好工作。反之，如果她将做家务当成是一种男人不屑做的低贱工作，那么不仅会心生抗拒，还会企图用各种方式证明男女的平等性，证明女人只要有机会，也可以像男人一样，发挥自己的潜能。其实，男女平等是毋庸置疑的事实，根本不需要证明。而潜能的发挥，则需要在社会中进行，只有在社会感的引导下，人们才能抛开外界的种种束缚。

一个家庭要想幸福美满，就不能贬低女人的价值。如果一个女人认为抚养孩子是种低贱的工作,那么在照顾孩子时，她就很难做到尽心尽力，更别提认识和理解孩子了。如果一个女人对自身地位十分不满，那么她就很难与孩子建立一种亲密的联系，因为她的精力都用在证明自己上了。此时，她的目标与孩子的目标是对立的,在她努力实现目标的过程中，孩子成了一种负担和阻碍。如果对那些失败母亲的例子进行分析，会发现，当一个母亲没能尽到自己的责任，没能在孩子生命之初就给他一个积极的起点，那么最后往往会酿成非常严重的后果。如果所有的母亲都不喜欢自己的工作，不喜欢自己的孩子，人类的发展就会陷入危机。

但是，不能将所有过错都推到母亲头上。一个女人没有成为合格的母亲，原因可能有很多。也许在她很小的时候，从来没有人教导过她该如何当一个母亲，该如何与人合作；也许她的婚姻很不幸，她感受不到快乐。对女人来说， 要想成为一个好母亲，并不是件容易的事，因为她在现实中会遇到许多阻碍。比如，当她的母亲生病时，她就没有过多的精力去照顾孩子；比如，当她工作了一整天，身体十分疲惫时，就很难与孩子积极合作；比如，当她的经济陷入困窘时，就无法为孩子提供优越的环境。

其实，对孩子的行为特征具有决定作用的不是他的经历，而是从经历中获得的经验。对问题儿童进行研究时，经常会发现他们与母亲之间存在矛盾。而在品行优良的孩子与母亲之间，这种类型的矛盾同样有存在的可能。从个体心理学的角度来看这个问题，可以得出这样一个结论：孩子的行为特征虽然不是由固定的原因造成的，但大多数时候，孩子会以自身经验为依据，去实现他们的目标。例如，我们无法断言一个生活困苦的孩子必然会成为罪犯。事实上，我们必须观察其行为，才能确定他拥有怎样的人生观。

在现实生活中，那些对自身角色不满的女人将会面临很多压力和问题。众所周知，母亲的角色会赋予女性非常强大的力量。研究发现，母亲保护孩子的意愿比任何心理都要强烈。不管是性欲还是饥饿感，其具有的力量都无法与身为人母的力量相提并论。就算是在动物界，像猿猴、老鼠这样的动物，也是如此。对一个母亲来说，哪怕仅有一个选择的机会，她也一定会选孩子。这种近乎本能的意愿与性无关，完全是出于一种合作精神。母亲通常认为，孩子是她身体的一部分，只有和孩子在一起，她才是完整的，才能掌控自己的人生。几乎所有母亲都会认为孩子是自己的作品，她们觉得自己就像造物主一样，可以创造新生命。对人类而言，对为母之道的追求就是对优越感的追求，对神灵地位的追求。通过这个例子，我们可以清楚地看到，个体将按照社会感觉的指引在合作中努力运用优越感目标，以造福整个人类。

之前已经说过，母亲通常会将孩子视为自己身体的一部分。有些母亲会极力强调这一点，并逼迫孩子努力，让孩子去实现她未曾实现的优越感目标。她们之所以这样做，可能是为了让孩子依赖自己，彻底受她掌控。举个例子：有一个农民已经年过半百了，但依然和自己的母亲生活在一起。某段时间，两人都得了急性肺炎。后来经过治疗，母亲痊愈了，但儿子却不幸逝世。母亲得到消息后叹息道："我早就料到了，我没法养大他。"显然，这位母亲从未想过让她的儿子出去独立，她想养他一辈子。这种母亲无疑是失败的，因为她从未教导过自己的孩子该如何与他人建立联系、达成合作。

作为母亲，不应该过分强调自己与孩子的关系，这点不管是对孩子来说，还是对母亲自己来说，都至关重要，因为母亲与外界具有非常复杂的联系。过度强调某个问题时，往往会忽略其他问题。可事实上，无论是一个多么简单的问题，都应予以重视。对母亲来说，与她产生联系的除了她的孩子和丈夫外，还有整个社会，她必须以理智的态度同等看待这三种联系。如果过于重视与孩子的联系，就会宠坏孩子，让他失去独立和与人合作的能力。在与孩子建立起紧密的联系后，母亲有一项非常重要的工作，即引导孩子去关注父亲，让孩子对父亲产生兴趣。如果母亲与丈夫间的联系不够紧密，这项工作就很难完成，孩子对父亲缺乏兴趣就意味着工作失败。之后，母亲还要引导孩子对社会产生兴趣，并与其他孩子或亲朋好友等建立联系。综上所述，可以看出，母亲的责任非常重大，她必须在最初阶段就获得孩子的信任，然后再竭尽所能地将这种信任推广到生活中的各个方面。

一个母亲如果希望孩子只关注自己，就会排斥外界一切能够引起孩子兴趣的东西。这样一来，孩子就会一直依赖母亲。无论遇到什么问题，他都会寻求母亲的帮助，他渴望得到母亲的全部注意力，排斥一起想要与他分享母亲关注的人。他将母亲视为自己的私有物，一旦母亲关注别人，他就会觉得自己的利益受损。大多数心理学家对这种情况的认识都是错误的。比如，弗洛伊德学派提到的俄狄浦斯情结中，有这样一种理论：孩子对母亲的依恋会让他想和母亲结婚，并对自己的父亲产生憎恨，甚至想要杀掉父亲。该理论在建立时，显然没有对孩子的身心发育进行全面的了解。有俄狄浦斯情结的孩子无一例外，都希望母亲只关注自己，他们不想让任何人来分享母亲的爱。这是一种与性无关的欲望，是对母亲的控制欲，他想让母亲变成他的专属仆人。心理如此扭曲的孩子，通常都曾被母亲过度宠爱。在他们眼里，母亲是唯一能与他们合作的人。具有俄狄浦斯情结的孩子，只有很少的一部分想要和母亲结婚。他们之所以会产生这样的想法，是因为他们觉得除了母亲，没有人会这么顺从他们，他对与那些人合作毫无兴趣。所以，我们不能将俄狄浦斯情结的产生归咎于先天的遗传，或者性欲望，而是应该认识到这只是教育错误的结果。

孩子如果总是和母亲待在一起，一旦离开母亲，就会出现问题。比如，当他在学校时，或者在公园和其他孩子身边时，依然会将与母亲建立联系视为最重要的目标。他希望母亲永远陪着自己、关心自己，一时一刻都不离开。他愿意采用任何方式，只为能够达成这种目的。为了获得母亲的怜惜，他总是表露出脆弱的一面；为了证明自己需要被照顾，他经常哭泣或生病；为了吸引母亲的注意力，他常常发脾气，和母亲争执。很多问题儿童都是这样，他们被宠坏了，一方面想让母亲将注意力都放在自己身上，一方面又不愿意受到管制。

对孩子来说，想要吸引母亲的注意力并不是件难事。被宠坏的孩子通常希望时刻有人陪伴自己，尤其是环境阴暗的时候。他们害怕这种阴暗的环境吗？或许害怕，但更多的是想用这种方法获得母亲的关心。在阴暗的环境中，有个被宠坏的孩子一直哭泣，他的母亲问他："你怎么了？"他说：这里太暗了。"母亲问："那我过来后呢，还暗吗？"其实，孩子最害怕的不是阴暗的环境，而是在这种环境下没有母亲的陪伴。为了让母亲陪伴自己、关心自己，他们会在母亲离开时大声地喊叫，或者做出一些其他行为。不管是教育学家，还是心理学家，通常都对恐惧心理非常重视。个体心理学也是如此，只不过相比于恐惧的原因，它在研究时更侧重于恐惧的目的。被宠坏的孩子都有害怕的东西，他们用害怕这种方式来吸引别人的注意力。这种心理在他们的生活风格中已经成为固定的模式，用来维持与母亲的密切关系。所以，大部分胆小的孩子以前都曾深受宠爱，并且想让这种宠爱一直延续下去。

一些被宠坏的孩子由于害怕噩梦，经常在睡梦中哭闹不止。睡觉的状态和清醒的状态其实并非对立，它们只是同类事物的不同形态而已。必须先认清这一点，才能 明白为何这些孩子会在睡梦中哭闹。一个孩子的行为特征， 在睡眠和清醒这两种状态下并不会有太大差异。他的行为受到自身优越感目标的影响，在不断总结经验的过程中，他已经掌握了调整环境以适应自身目标的方法。他的目标和记忆在睡眠状态下并不会发生改变。一个孩子如果习惯用害怕 这种方式来吸引母亲的注意力，那么就算长大后，在睡梦中，他依然会感到紧张和焦虑。害怕噩梦原本是他吸引注意力的一种方法，可是此时，这种方法已经变成了一种难以矫正的习惯。在现实生活中，经常能见到这种情况，反倒是一个被宠坏的孩子安安稳稳睡觉的情况很少见。为了吸引父母的注意力，他们可以采取很多办法，例如睡衣穿得很难受、要喝水、害怕小偷或猛兽等。有的孩子必须在父母的陪伴下才能入睡，有的孩子总是做噩梦并掉下床，还有的孩子经常尿床。

我曾有位患者，她也是一个被宠坏的孩子。可是，她与上文提到的孩子有些不同，她从不在睡觉时给大人制造麻烦。从她母亲口中我们知道，她白天的时候会惹一些麻烦，但晚上的时候却非常安稳，既不会做噩梦也不会弄出一些其他事情来。上文提到的那些孩子，为了吸引母亲的注意力，什么方法都会用，但这个女孩似乎并不是这样。不得不说，这真是一件令人疑惑的事。后来，我终于弄清了这个问题，我问她母亲："晚上的时候，她睡在哪里？"她母亲说："我身边。"

在被宠坏的孩子眼中，最幸福的事就是生病，因为这时母亲会把所有的注意力都放在他身上，并且给予他无微不至的照顾。但是，当他们的身体康复后，这些孩子往往会出现一些问题。这些问题并不是指疾病的后遗症，而是指他们由于想继续保有患病期间所受关爱而做出的种种恶劣行为。出院后，父母对他们的关爱会有所削减。当他们发现了这一点时，就会开始惹麻烦，以此来报复父母。当他们看见其他孩子因生病而备受宠爱时，会心存羡慕，并期望自己也能生病。为了达成这一目的，他们会在患者身边徘徊。

有一个女孩，她在医院里住了四年。医生、护士都很喜欢她。出院后，她的父母又给予了她精心地照顾。然而，这种情况并没有持续太长时间。事实上，没过多久，父母就没有那么关注她了。女孩意识到这点后，立即咬着手指抗议道："我还在生病呢。"她用这种方式提醒父母，要像她在医院时那样将所有注意力都放在她身上。成年人也会有类似的做法，比如动不动就提起自己患过的病。

还有一些孩子，他们在患病之前经常惹麻烦，但是经过病痛的洗礼后，却发生了改变。大家都知道，对孩子来说，身体缺陷不仅会给他造成巨大的心理压力，还可能扭曲他的性格。那么，如果身体缺陷突然消失了，他的性格是否会发生改变呢？有一个小男孩，是家中的次子。他是典型的问题儿童，不仅谎话连篇，还经常有偷窃的行为。他一点儿也不听老师的话。为了管教他，老师甚至想把他送到教化所去。但令人没想到的是，这时，男孩突然患上了肺结核，并因此卧床休养了半年多。病好以后，男孩仿佛换了一个人似的，变得又懂事又听话，令众人十分惊讶。显然，他已经意识到了之前的错误，所以才会有这样大的转变。患病之前，他一直认为父母偏爱大哥，不重视他。但患病之后，家人给予他的爱和关怀，令他解除了这种误会。

许多人认为，犯过错的母亲不应该再拥有抚育孩子的权利，她们的孩子应该被送进福利院，交给专业人士教导。这种观点实在太荒谬了。一个人要想代替母亲，除了要具有母亲的能力外，还必须对孩子怀有强烈的兴趣。母亲对孩子的爱，根本不是福利院员工可以比的。一个自小生活在福利院的孩子，由于缺乏母亲的帮助，无法与外界建立联系，所以即便长大后，也很难对他人产生兴趣。针对福利院里的孩子，有人曾做过调查。他们发现，由福利院员工、修女照顾的孩子，和寄养在私人家庭由养父养母照顾的孩子，彼此间存在差异。如果私人家庭中的养母能将这个孩子视如己出，那么孩子的各个方面就会有非常显著的进步。对福利院那些无父无母的孩子来说，最好的安排就是为他们找一个父母的替代者，让他们能够享受家庭的温暖。所以，当我们因为各种原因，不得不将一个孩子从他父母身边带走时，一定要尽快为他寻找到一个能够代替父母的人。那些孤儿、私生子、被抛弃的孩子和遭遇父母离异的孩子，之所以在现实生活中屡屡受挫，与缺乏父母的关爱有很大关系。由此可见，父母的关怀和爱护是何等的重要。

继母的处境通常很艰难，因为丈夫和前妻的孩子往往对她们充满反感和敌意。不过，要想解决这个问题并不是件困难的事。据我所知，有很多这方面的成功例子。大部分人对这方面都不太了解。事实上，在失去母亲后，孩子通常会将注意力转向父亲，与父亲建立密切的联系。而他之所以讨厌继母，是因为觉得继母会夺走父亲对他的关爱。继母如果不了解这一点就盲目地对孩子的敌意采取反击，不仅不会让孩子屈服，还可能引起他更强烈的敌对。这种斗争会持续很长一段时间，双方谁也不肯认输。但他们不知道的是，有时候退让才是最好的办法。对继母来说，她越是逼迫孩子，就越是什么都得不到。如果每个人都能明白，斗争无法让我们获得爱与合作，那这个世界上就会少了许多冲突和麻烦。

父亲是孩子的榜样

在家庭生活中，父亲的地位丝毫不比母亲逊色。在孩子的生命之初，父亲并不会与其建立亲密的联系，但当孩子成长到一定阶段，父亲就会发挥重要的作用。如果母亲没能让孩子对父亲产生兴趣，那么将会产生一些不利的后果，比如影响孩子社会感的发展。父母关系不睦，也会对孩子造成不利影响。由于无法留住丈夫，母亲会将注意力全部集中到孩子身上，企图独占孩子。自私的父母还可能争抢孩子，把孩子当成维护自身利益的工具。他们都希望孩子更依赖自己，与自己的关系比与对方的更亲密。如果孩子发现了父母的这种冲突，为了获取一方更多的关注，可能会在父母之间蓄意挑拨。这样一来，父母之间的竞争就会变得更激烈，为了获得孩子的支持，他们会给予孩子更多的宠爱。这种环境对孩子的成长显然不利，因为他最先从父母那里感受到的，就是一种争斗式的错误的合作关系。也就是说，父母之间糟糕的关系会严重影响孩子对合作的认知，而父母自身都不擅长合作，又怎么可能教导好孩子呢？

除此之外，孩子对伴侣和婚姻的最初认识也源自于父母的关系。一个孩子如果自小生活在一种极为糟糕的家庭环境中，那么他对婚姻就很难产生好感。当他长大成人后，就会抗拒与异性交往，因为他觉得婚姻并不能带来幸福。要想改变这种情况，就必须将他对婚姻的这种最初认识矫正过来。恶劣的家庭关系注定会对孩子造成严重影响，不仅会让他们在长大成人后难以融入社会，还可能扭曲他们的性格，从而造成一些严重的后果。在好的婚姻关系里，夫妻两人必然会通力合作，以谋求家庭和社会的幸福为目标。而在糟糕的婚姻关系中，夫妻二人显然不会这样做。

必须明白，婚姻的本质是一种合作关系，夫妻二人的地位是平等的，千万不要试图去驾驭对方。在家庭生活中，不应该存在权威行为。如果某位家庭成员的地位尤为突出，所有人都要根据他的意志行事，那将是一件非常糟糕的事情。如果一个家庭中，父亲行事专断，从不考虑别人意见，而且脾气火爆，那么这个家中的男孩就可能效仿父亲，形成错误的男性观念。至于这个家庭中的女孩，也会深受其害。她在进入社会后，会将所有男性都当成父亲一样的独裁者加以排斥。与此同时，她们对婚姻也不会抱有好感，甚至会觉得婚姻就代表要被奴役、被压迫。为了避免受到异性的伤害，这些女孩长大后有很大的概率变成同性恋者。

反之，如果在家庭生活中独断专行的是母亲，那么情况就会反过来。女孩会因为模仿母亲而变成尖酸刻薄的人，男孩则会非常温顺，似乎时刻都在准备着受人指责。除了母亲，这种家庭中的其他女性，如姑姑、姐姐，也会加入指责男孩的行列。在这种重压下，男孩会变得内向怯懦，不敢参加任何社交活动。没有人会喜欢受到指责，但如果一个人将所有注意力都放在了逃避指责上，生活必然会出现问题。这种习惯一旦形成，那么无论做什么事，男孩都会问自己：“我是征服者还是被征服者？”在男孩眼中，人与人之间的关系只有征服和被征服这一种，而他的目标就是征服别人。这样一来，他自然很难有真正的朋友。

作为一个合格的父亲，必然可以与妻子、孩子，以及社会达成良好的合作，也必然可以在自己的事业、爱情和友情之间找到平衡。他不仅公正，而且具有强烈的责任感，可以照顾和保护自己的家庭。他认可女性对家庭的巨大贡献，从不贬低女性的价值，无论何时，都可以与妻子通力合作。还要强调一点，一个家庭中，哪怕只有父亲一个人挣钱，他的收入也是整个家庭共有的，父亲绝不能摆出一副施舍者的姿态。一个美满的家庭，每个成员的分工都不同，父亲的主要工作就是挣钱养家。所有家庭成员的地位都是平等的，没有谁能凌驾于他人之上。一些父亲认为，自己是家中的经济支柱，所以理应拥有高于其他成员的地位和统治他人的权力，这种想法是极其错误的。丈夫们必须明白，当他们在婚姻中过于强势时，就会引起妻子的反感和抗拒。由于担心受人支配或控制，妻子还可能产生恐惧心理。一个好丈夫绝不会因为自己的收入比妻子高，就轻视妻子。事实上，在一个幸福美满的家庭中，妻子有没有经济能力，并不是一个重要的问题，没有人会在意到底由谁来挣钱养家。

在孩子的成长过程中，父亲具有非常重要的影响。有些孩子将父亲视为自己的榜样，有些孩子将父亲当成自己的敌人。好的教育方法必然是友善的，不会采用过于激烈的手段，比如体罚。可是，在大部分家庭中，父母都会对孩子实施惩罚，而负责惩罚的往往是父亲。之所以会这样，主要有两个原因：一、有些母亲认为，女性是柔弱的，无法真正地教育孩子，只有像父亲那样的强者，才能对孩子起到威慑作用。所以，她们经常对孩子说："看你爸爸回来怎么收拾你。"这其实是在暗示，父亲在家庭中处于统治地位。二、很多母亲认为，对孩子施加惩罚，会破坏孩子与她的亲密关系，所以就将惩罚的责任全部推给了父亲。这种做法显然不够明智，因为这也会严重损害父亲与孩子之间的关系，令孩子对父亲心生畏惧，不愿意和他做朋友。而且对孩子来说，母亲虽然没有亲自惩罚他，却将他交到了父亲手里，所以一样是值得怨恨的。很多母亲都会利用孩子对父亲的恐惧心理去强迫孩子服从自己，当她们想让孩子做什么，而孩子表示抗拒时，她们就会用"我会告诉你父亲"这样的话吓唬孩子。长期遭受这样的威胁，孩子对父亲显然不会有什么好看法。

一个出色的父亲必然能够用积极的方式妥善处理好生活中的问题。他会赢得家人的喜爱和尊重，成为家庭成员依靠的核心力量。这样的人往往善于交往，可以和很多人建立友谊。在他与别人交朋友时，他的家庭也就与社会建立了联系。他既不会自我封闭，也不会被限制在传统观念中。以他为媒介，社会感会进入他的家庭。他的家人会以他为榜样，模仿他的方式与他人建立合作。就算夫妻两人拥有各自的交际圈也没什么关系。无论对谁来说，建立属于自己的交际圈都是很重要的事。但对夫妻而言，有一点必须注意，那就是不能因为友谊的问题而影响家庭。我认为，夫妻双方虽然应该和谐共处，但没必要朝夕相对、形影不离。不过，为了避免出现问题，丈夫应该将妻子纳入到自己的交际圈以内。也就是说，丈夫应该把妻子介绍给自己的朋友认识，如果他不愿意这样做，就说明他的社会生活的中心并不在家里。在孩子成长的过程中，有必要让他明白家庭是社会的一部分，在家庭之外，他还可以与很多人建立长久的友谊。这一点非常重要。

如果父亲可以和自己的父母及兄弟姐妹和谐共处，那么在合作方面，孩子就有了很好的榜样。对孩子来说，虽然他以后会长大成人，会建立起属于自己的家庭，但只要他效仿父亲，就依然可以与原来的家庭保持紧密的联系。一个家庭中，如果夫妻两人都过于依赖自己的父母，就会将自己大部分的注意力都放在原先的家庭关系上，他们对自己组建的家庭缺乏认同感，提到家时只会想到父母的家。这样的人无法建立起真正属于自己的家庭，因为他们仍旧以父母为中心，无法实现独立。此外，他们在合作方面的能力也会受到影响，很难与他人建立良好的合作关系。

作为父母，对于子女的生活不应该过多干预，否则就可能引发很多问题。比如，男方的父母如果过多干预夫妻的生活，就会令妻子觉得没有受到尊重，并因此感到愤怒。在不被父母祝福的婚姻中，这种矛盾尤为明显。父母的做法是否正确，暂且不论。如果他们对子女的婚事不满意，那么在结婚之前，他们随时可以表示反对。但是，如果他们的反对没有奏效，子女仍就和他们不喜欢的对象结婚了，那么对于这个新组建的家庭，他们就应该只有一种态度，那就是竭尽所能地让这个家庭美满幸福。如果妻子的经济条件比不上丈夫，那么对丈夫来说，最好的办法就是宽容以对，而不应该为此感到苦恼。如果因为这一点，他的父母反对这桩婚姻，那么他最应该做的是说服自己的父母，让他们接纳妻子，而不是顺从父母的要求，将妻子拒之门外。还有，夫妻双方行事时，没有必要非得顺从父母的意见。我们当然希望家庭和谐，事实上，只要夫妻二人能与彼此的父母和睦相处，这一愿望并不难实现。

大多数人都认为，父亲应该解决职业方面的问题，并训练自己的能力，承担起养家糊口的责任。妻子、子女在这方面虽然也能够提供一些帮助，但在传统观念中，父亲依然是一个家庭经济方面的主要支柱。所以，男性必须努力工作，勇于进取，并能对自己和他人有着清晰的认识，擅长与人合作，能够获得他人的认可。只有这样的人，才能成为一个出色的父亲。此外，父亲在职业方面的表现还会影响子女对工作的态度。因此，父亲在工作中应尽力为他人、为社会做贡献，好给子女树立一个榜样。父亲的工作必须能为人类社会谋福利，至于他自己是怎样看待这份工作的，是否觉得它有意义，并不重要。如果父亲是一个自私自利的人，这虽然会令人失望，但由于他的工作是能为人类做贡献的，所以也不必太过在意。

下面再来说另一个问题：如何建立美满幸福的婚姻和家庭。作为丈夫，最重要的一件事就是爱自己的妻子。丈夫对妻子有没有爱意，很容易就能看出来。如果他爱妻子，但凡是妻子喜欢的东西，他都会喜欢，而且他会竭尽所能地去保障妻子的幸福。要想知道夫妻是否爱彼此，关系是否和睦，可以观察他们的感情。一个出色的丈夫会爱护自己的妻子，会让妻子感到快乐，并且会努力奋斗，以期给予妻子更好的生活。夫妻双方必须共同努力，只有两人都认为他们的共同幸福高于个人利益时，才能实现真正的合作。真正相爱的夫妻，对对方的兴趣会超过自己。

在孩子面前，丈夫不应过分表现对妻子的感情。夫妻之间的感情和他们对子女的感情是截然不同的两种感情，无法互相替代。父母过于亲密会让孩子感到自己被忽视，会因此产生嫉妒的心理，并对父亲或者对母亲充满敌意。所以在孩子面前，夫妻不应有太过亲密的接触。父母还应对孩子进行性方面的教育。不过，父母只需向孩子传授必要的知识，或者解答孩子感兴趣的问题，至于这个范围之外的东西，则没有必要主动提及。有些父母是出于好意，想让孩子了解更多的性知识，但最后却可能适得其反，引发孩子不恰当的好奇心，让他对性产生错误的认识。之所以会这样，是因为现阶段，有些知识孩子还根本无法理解。与其让他产生误解，还不如一开始就有所保留。由此可见，父母在教导孩子时，应该站在孩子的角度，以他们的兴趣为准，而不应该站在自己的角度，将自己认为对的想法强加给他们。父母应该让孩子信任自己，还应鼓励孩子，让他产生与人合作的兴趣，并帮助他从合作中找到解决问题的方法。这样做，就可以始终沿着一个正确的方向前行。大多数父母都会有这样的担心，孩子可能从其他地方听到一些有关性的坏故事。这种担心其实是多余的，因为一个具有良好合作能力的孩子是不会受到这些恶劣言论影响的。在这种事情上，孩子们通常都比较小心谨慎。在一个具有清晰是非观念的孩子面前，外界的错误言论很难发挥作用。

与女性相比，男性进入社会的机会更多，对社会各种制度和道德标准也更了解。所以，父亲在家庭中应该承担起这方面的责任，在家庭成员需要帮助时，给予恳切的建议，就像是朋友一样，而不应该在家人面前端老师的架子，说些不切实际的言语。无论何时，父亲都应该保持从容的心态，在得到家人的赞扬时不会骄傲，在遭到妻子的抗议时也不会独断专行、乱发脾气。他深知，在遇到困难时，最重要的是寻求解决的办法，而不是和家人互相指责。

在家庭中，不该过分强调金钱的力量，也不该因金钱发生争执。一般情况下，与男性相比，女性对家里的经济情况会更加重视。这可能是因为大部分女性都没有经济来源。所以，每当有人指责她们不够节约，她们就会觉得深受伤害。对于经济方面的问题，家庭成员应该在自己力量能够达到的范围内，通过合作的方式来解决。在向父亲提出经济方面的要求时，必须考虑父亲的承受能力。一个家庭要想维持长久的稳定平衡，必须从一开始就对家里的收支有所计划。只有这样，才能保证利益的平均分配。作为父亲，千万不要以为可以凭借金钱来保障孩子的前途。我曾看过一本非常有趣的小说。小说的作者是个美国人，他在书中讲了一个故事：有一位富人白手起家创造了巨额的财富，为了让自己的后辈永享富贵，这位富人请律师帮自己制订一项计划。律师问他想富裕几代人，富人回答十代。律师说："你确实可以做到这一点，但是，你有没有考虑过，你的第十代后辈，每个人身上的血液都可能来自于五百位先人。也就是说，这些人不仅属于你的家族，还同时属于另外五百个家族。你认为，他们还是你的后代吗？"从这个例子中可以看到，无论我们为后代子孙做了什么，其实都是在为整个社会服务。

家庭和睦的关键是平等

一个家庭内不存在权威，家庭成员之间才有可能实现真正的合作。在教育孩子这个问题上，父母应该通过协商来解决。他们必须记住一件非常重要的事，即无论对哪个孩子，都不应太过偏爱。父母偏爱其他孩子，会让那些不被偏爱的孩子陷入自我怀疑，导致他们缺乏自信。或许你认为，这只是一种错觉，但是，一个孩子如果各方面都受到了平等的对待，是不可能出现这种问题的。父母如果重男轻女，那他们教导出的女孩就会自卑。孩子的心灵通常都很敏感，当他们觉得父母偏爱其他孩子时，很容易走上错误的道路。无论这个孩子平时看起来有多听话，都可能如此。对于那些在外貌或学习上更优秀的孩子，父母有时确实会偏爱几分。但是，他们应该学会隐藏这一点，尽可能地不将这种偏爱表现出来。否则，那些不被偏爱的孩子就可能感到沮丧和自卑，并丧失与人合作的兴趣，同时还会对被偏爱的孩子心存嫉恨。父母应该公开表态，他们没有偏爱任何一个孩子，并用行动打消孩子心中的疑虑，让他们相信父母的公平。

现在，来探讨一下另外一种重要的合作方式，即孩子之间的合作。只有让孩子们意识到，他们之间的地位是平等的，他们才会对社会产生兴趣。除此之外，还要让孩子们明白，男孩和女孩之间也是平等的，这样才不会让他们形成错误的性别认知。令人奇怪的是，同一个家庭教导出来的孩子可能会存在极大的差异。有些科学家认为这是遗传的结果，但我却认为并非如此。如果将那些正在成长的孩子视为树苗，你会发现，这些树苗就算栽种在同一个地方，生长的环境也不会完全相同。有些树苗脚下的土壤更肥沃，获得的阳光也更多，它们的长势自然更好。而其他树苗则会被这株树苗抢走养分和阳光，生长缓慢。这个道理同样适用于家庭。家庭中的某个孩子如果太过显眼，就会影响其他孩子的成长。

之前已经说过，在家庭生活中，每个人的地位都是平等的，不管是父亲还是母亲，都不应过于突出。大多数名门出身的孩子都很难取得太大的成功，因为父辈的光环太耀眼，他们很容易陷入妄自菲薄中，并因此丧失对生活的兴趣。父亲如果在自己的行业中成就突出，那么回到家中后，应尽量保持低调和谦逊，以免对孩子造成不良影响。孩子之间也是如此。优秀的孩子总是能吸引父母更多的目光，对他来说，这当然是好事,但他的兄弟姐妹却可能因此产生嫉妒的心理。显然，没有人会心甘情愿地屈居人下。一个孩子太过优秀，对他身边的其他人来说是一种伤害。他会抢走这些人的养分和阳光，令他们只能在缺乏心灵营养的状态下成长。他们会坚持不懈地追求优越感目标，但这种目标却可能是错误的，也可能是没有任何意义的。

出生顺序不同，成长轨迹也会不同

个体心理学在研究出生次序对孩子的影响这方面成绩斐然。为了让大家更好地理解这一问题，我们先设定一个前提，即父母在家庭中的关系非常和睦，并且能够全心全意地教导子女。个体心理学发现，在这一前提下，孩子仍然会因各自的出生顺序不同，获得不一样的成长环境，并最终成长为截然不同的人。即便是生活在同一个家庭中，孩子的成长环境也有差异。为了适应自身所处的环境，每个孩子都会形成自己特有的生活风格。

作为家庭中的第一个孩子，都经历过一段独生子的时光。直到弟弟妹妹出生，他们的独生子生涯才宣告结束。之后，他们开始适应一种新的家庭环境。长子出生后，父母会把注意力都放在他身上，他已经习惯了享受所有人的宠爱。可是，弟弟妹妹出生后，他不仅失去了独子的地位，还必须与弟妹一同分享父母的爱。这种改变会对他造成很大的影响。在这种环境下成长起来的孩子，很多最后都变成了问题儿童、酗酒者、罪犯或者神经症患者。他们清楚地记着弟弟妹妹的到来，常常因为地位被抢而心情沮丧，这种不幸的经历会直接影响他的生活风格。

家中其他孩子，由于从未经历过独生子的时光，并且从一出生，就在与他人分享父母的爱，所以就算被弟弟妹妹抢走地位，感觉也不会如此强烈。只有对长子来说，这种变化可谓是天翻地覆的。如果他确实因为新出生的孩子而遭到了忽视，那么就算他因此心怀愤懑，也没有理由指责他。不过，这种问题其实是可以避免的，只要父母能一如既往地爱他，给予他足够多的关注，并能让他从心理上做好准备，迎接新生儿的到来，且让他参与到对新生儿的照顾工作中，那么他自然就不会觉得地位被抢，也不会因此情绪沮丧、心怀怨恨。但是，在现实生活中，能够做到这些的父母很少。绝大多数长子都会因为新生儿的到来，感到地位被抢，并因此对新出生的孩子产生抗拒或怨恨。

我们经常能够看到，好几个孩子一起跑到母亲面前，争夺母亲的关注。而每当这时，母亲就会陷入为难中。长子好胜心强，并拥有体力上的优势，因此可以想出各种各样的办法来博取母亲的关注。在这种环境下，长子会做出什么样的事就可想而知了。如果能够站在他的角度为他着想，也就不难理解他的所作所为了。他会想尽各种办法不停地惹麻烦，以此来表达自己对地位被抢的抗议，并吸引母亲的关注。然而，这种做法最后的结果往往适得其反，母亲不仅不会更关注他，还会因为过于失望而将所有的爱收回。他会因此感觉自己被冷落了，但即便如此，他也不会认为自己有什么过错。事实上，在他眼里，无论何时，错的都是别人。他就像掉进了陷阱中，无论怎样挣扎，都只会越陷越深。可是，由于意识不到自己的错误，而所有事情又都在证明，他的地位确实被抢走了，所以他又不可能放弃抗争。

每一个这种类型的案例，都应进行详细的分析。母亲不该与孩子针锋相对，这种反击不仅不会让孩子收敛，反而会对他们产生刺激，令他们更加愤怒、挑剔和叛逆。在母子不断地冲突中，为表示对母亲的抗议，孩子会转而投入对他表露出更多爱意的父亲的怀抱，并对父亲产生浓厚的兴趣。事实上，长子大多都与父亲关系密切。当一个孩子开始偏爱父亲时，通常意味着他的成长已经步入了另一个阶段。在生命的第一阶段，孩子依赖的是母亲，只有当母亲不再关注他们时，他们为表抗议或报复，才会将兴趣转向父亲。所以，我们很容易就能想到，一个极其依赖父亲的孩子，会有怎样悲惨的经历。或许终其一生，他都无法摆脱那种被母亲忽视的阴影。

如果孩子已经懂得了怎样反抗和坚持，那么这种斗争可能会伴随他一生。他可能找不到与自己志趣相投的朋友，并因此深感失望。也可能丧失自信，觉得永远不会有人喜欢他。他会变得暴躁易怒、胆小怯懦，甚至将自己封闭起来，不愿意与任何人合作。那段被所有人关注的日子成了他生命中最大的亮点，所以他会很愿意与别人提起这段时光，并对自己的过去表现出浓厚的兴趣。可是，他们对自己的未来却没有任何信心。一些长子，由于小时候曾占据过家中的统治地位，但后来又失去了，所以会更加重视权力和地位。他们长大成人后会努力追求这些东西，并经常过分强调法律和规则的重要性。他们认为，法律和规则都是不能轻易篡改的，无论何人、何事，都必须对其表示遵从。他们很清楚，要想掌握权力，就必须先拥有权力。小时候的经历会影响他们的生活风格，让他们更倾向于保守主义。他们长大后一旦获得权力地位，就会陷入无尽的担忧和怀疑中，生怕别人会取代自己。

如果父母可以采取一些恰当的措施，就可以避免长子出现这样的问题。在新生儿出生前，父母就该对长子进行教育，让他明白该怎样与人合作。只有这样，在新生儿出生后，他才能毫无阻碍地接纳自己的弟弟妹妹。从一些好的案例中可以发现，很多长子都乐于助人，愿意为他人提供帮助和保护。他们还会学着像父母那样照顾教育弟弟妹妹，并把这当成自己的责任。在这种锻炼下，有些长子可以获得良好的组织能力。不过，这种照顾可能让新生儿产生依赖心理，也可能让他产生掌控别人的欲望。但不管怎么说，这都是一些正面的例子。

有些专家曾针对欧美地区的孩子进行过研究，最后发现，在问题儿童中，长子占据的比例最大，其次就是幼子。这一现象非常有意思，因为长子和幼子恰好是家庭的两个极端，这似乎说明极端的位置更容易产生问题。而目前的教育方法，对于长子身上的问题，还无法给出有效的解决方案。

第二个孩子在家庭中的地位和所有人都不一样。从出生开始，他就在与别人分享父母的爱，所以与长子相比，他会更友好。长子对他的态度决定了他的处境。他与长子的地位有明显的区别，从童年开始，在他的生活中，就一直存在着一个竞争对手。不管是在年龄上，还是在体力和智力上，他的哥哥姐姐都远超于他，所以他必须竭尽全力地去追赶。对次子来说，他的生活就像是一场竞赛，永远有一个人跑在他前面，他必须奋力追赶。次子总想要超越长子，并获得长子的敬佩。这种想法常常让他陷入紧张。

次子几乎都不甘于屈居人后，总是想通过努力跑到别人的前头。与长子相比，次子往往更为出色，也更容易取得成功。次子之所以能迅速成长，与遗传因素没有什么关系，主要是因为他们通常都可以严格要求自己。长大成人后，次子在离开家庭进入社会时，依然能为自己寻找到一个优秀的竞争对手，然后努力实现追赶和超越。

不同排序的孩子会有不同的性格特征，这种性格特征在他们清醒时会非常清晰地显现出来，而当他们睡着后，在梦中同样能有所体现。比如，长子因为无法维持自己的优势地位，所以就会经常梦到自己站在高处，然后突然掉了下来。次子总是在奋勇向前，所以就会经常梦到自己在奔跑、竞赛、追赶火车或者骑自行车和人比赛。可以根据一个人在梦中的状态来判断他是不是次子，因为次子在梦中大多都是紧张和忙碌的。

这里，必须强调一点，即上述规则并不能适用于所有的情况。有些人不是长子，却可能拥有长子的性格特征。应该明白，起决定作用的是环境因素，而不是家庭排行。如果一个家庭中有很多孩子,那么后出生的孩子也可能成为“长子”。比如，一个家庭中有五个孩子，那么第三个孩子也可能表现出和长子相似的特征，而第四和第五个孩子则可能表现得像次子。如果两个孩子年龄相近，而与其他孩子的年龄却相差很大，那么在这两个孩子之间，年龄大一些的就可能像长子，年龄小一些的则像次子。

在与后出生的孩子进行竞争时，如果长子失败了，就可能陷入困境。反之，如果长子能通过权威维持住自己的地位，那么次子就会陷入困境。当次子是女孩时，长子面临的境况会更加槽糕，承受的心理压力也会更大。因为在现代社会中，一个男孩若被女孩超过，几乎就等于丧失了尊严。所以，与同为男孩或同为女孩相比，一男一女的竞争会更加激烈，关系也会更紧张。在这种竞争中，女孩通常更容易取胜，因为在十六岁之前，她们的身心发育往往比男孩更快。这就导致很多时候，男孩不得不主动退让。他们会因此陷入沮丧中。男孩会采取各种手段来打败女孩，比如说谎。但在这一阶段，占据优势的始终是女孩，所以无论男孩采取何种恶劣的手段，都很难对女孩构成威胁。如果能够预见这种危机，并及早采取一些措施进行防范，就可以避免这种情况的发生。在家庭生活中，如果所有家人都能处于平等的地位，并展开良好的合作，那么不管是家庭内部还是子女之间，都不可能发生争斗。这样一来，自然可以避免上述情况的发生。事实上，这也是避免上述情况的唯一方法。

作为家庭中最小的孩子，幼子拥有最特殊的地位。虽然他不像其他孩子那样拥有弟弟妹妹，但这并不代表他不用参与竞争。最小的孩子往往最受宠爱，需要解决的是被宠坏的孩子特有的问题。他们面对的竞争者最多，受到的刺激也最大，所以在成长的过程中，常常会以一种不同寻常的方式向前发展，他们会超越自己的哥哥姐姐，成为家里进步最快的人。一直以来，最小的孩子在家中都会得到特别的对待。在很早之前，他们与其他孩子的竞争方式就受到了人们的关注。

在现实生活中，很多家庭都是在靠幼子支撑。人们以这种情况为基础，编写了很多与幼子有关的故事。相较于其他孩子，幼子的处境是非常优越的，因为他不仅可以获得整个家庭的支持，还有许多竞争者能够激励他奋勇向前，而且也不用担心会有弟弟妹妹威胁他的地位。

不过在问题儿童中，占比第二大的就是幼子。幼子最终会成为什么样的人，取决于家庭对他的态度。过度的宠爱会让他难以独立，并缺乏追求成功的勇气。幼子如果有远大的抱负，往往性情懒散。那些只有野心而无信心的人，都容易有这个毛病。他们虽然渴望成功，但却总是觉得那是一个遥不可及的目标，因此难免心灰意懒。虽然幼子有时会说自己没有任何志向，但其实，他希望在每一个方面都能超越他人，他不喜欢被限制，更不喜欢被人掌控。他们的这种想法其实很容易理解，因为与身边的人相比，幼子在各个方面，比如年龄、体力、经验等，都稍显逊色，这就导致他们对自己缺乏自信，很容易陷入自卑中。

在成长期间，独生子也会遭遇他们特有的问题。他们虽然没有兄弟姐妹，但依然会遇到其他对手，这个对手就是父亲。一般情况下，母亲都会十分宠爱独生子，希望他们可以依赖自己，恨不得每时每刻都陪在他们的身边。长此以往，孩子就会产生恋母情结。当他们过于依赖自己的母亲时，就会对父亲产生排斥，甚至不认可他家庭成员的身份。当然，如果在家庭生活中，父母可以通力合作，给予孩子同等的关爱，那么这种情况就可以避免。但令人遗憾的是，大多数情况下，与母亲相比，父亲对孩子的关爱要少得多。不管是长子还是独生子，都有征服父亲的欲望，而且都喜欢和比自己年长的人待在一起。

作为独生子，他对弟弟妹妹充满抗拒。每当家人提起这一话题，他都会感到烦恼和厌恶。他希望众人的注意力永远只集中在他一个人的身上，他认为这是他应有的权利。当有人威胁他的地位时，他就会感到不平。他已经习惯了成为众人关注的焦点，一旦失去这种地位，他就会出现问题。而对他的成长来说，家人无微不至的照顾未必就是好事，很可能会带来一些不利影响。如果他的父母是因为身体原因，只能拥有一个孩子，那么唯一能做的，就是尽力避免和解决这个独生子可能出现的问题。但是，在一些子女众多的家庭中，有些孩子也可能会出现独生子的特征。这种家庭的父母通常都比较消极，他们怯懦、悲观，觉得自己根本无法承担起抚养孩子的经济压力。这种恐慌、焦虑的家庭氛围，会对孩子造成不利的影响。

还有一种情况也很糟糕，即在家庭中，孩子之间年龄相差较大，以至于每个孩子身上都具备了一部分独生子的特征。曾有人问我："同一个家庭的孩子，年龄相差几岁是最合适的？是年龄相近更好，还是年龄差距较大更好？"以我的经验来看，孩子之间最理想的年龄差是三岁左右。因为这个年龄的孩子已经具备了与人合作的能力，当家里出现新成员时，他们也能够理解是怎么一回事。如果是一两岁的孩子，就不具备这样的理解能力，因此也就不可能让他们做好心理准备，去迎接新成员的到来。

一个男孩如果是在女性的包围中成长起来的，他的处境会很艰难。父亲经常不在家，他的身边都是女性，比如母亲、姐姐、妹妹、女用人等，这会令他觉得自己格格不入。因此，他会将自己封闭起来，变得十分内向。如果家中所有姐妹都不愿与他交往，那么这种感觉会更加明显。姐妹们为了证明，就算他是男孩，也没什么可骄傲的，会联起手来一起排挤他。这时，男孩就会觉得自己被孤立了，同时还会感受到强烈的敌意。男孩在家庭中的排序如果处在中间位置，那么情况会更加糟糕，他会受到一前一后双重夹击。如果他排在第一位，也就是长子的位置，那么他就可能时刻处在紧张的状态中，因为在他后面就有一个气势汹汹的女性竞争者，时刻准备着超越他。如果他排在最末位，也就是幼子的位置，那么就可能变成姐姐们的玩具，受她们摆弄。

在女性的包围中成长起来的男孩，很难赢得他人的好感。有时，他们身上还会显露出女性的特征。为了避免这两种情况，他应该尽可能多地参与社会活动。只有女性的环境和有男有女的环境，存在明显的差异。一间屋子，如果主人是女性，那么它一定是干净明亮、井井有条的，而且色彩多样，都是进行过精心搭配的。反之，如果主人是男性，那么它就可能又脏又乱，到处都是破旧的家具。一个生活在女性中间的男性，其性格发展通常会走向两个极端。要么受女性影响，拥有女性化的特征，变得极为软弱。要么坚持自己的男性特征，为了避免被女性左右，对身边环境充满抵抗和戒备，同时极力让自己表现得优秀，并常常因此陷入担忧和焦虑中。这样的男性，通常极为强硬。同样的道理也适用于生活在男性中间的女性。这样的女性要么极为女性化，要么极为男性化。终其一生，她们都会严重缺乏安全感，并时常觉得孤独。现实生活中并不能经常看到上面这样的例子，所以在对其进行研究时，要想保障其价值，就必须以对各种案例的研究作为基础。

通过对成年人的研究，我们发现，儿时留下的最初记忆几乎不会消失，会牢牢地印刻在人们的脑海中。他们在家里的地位将影响他们的生活风格。在其成长的过程中，面对的最大困难就是家人的排斥以及难以合作。如果能仔细地对生活进行研究，思考为何在生活中，竞争和敌意无处不在，就会明白，这其实是世界的常态，因为所有人都想成功，都想支配他人。一个人如果觉得自己在家中受到了不平等的对待，那么他从很小的时候就会产生这种心理。此时，最该做的就是训练他的合作精神，这是解决这种问题最好的方法。

第十章

学校的重要性

老师对学生必须怀有真正的关爱和兴趣，这是一切良好教育的前提。没有这一前提，无论多好的教育方法，都很难起到作用。人们在教育孩子时犯了很多错误，其中最严重的就是，认为孩子的发展受先天遗传的限制。老师和家长经常以此为借口，推卸他们无法教育好孩子的责任。

老师的作用不可替代

除了家庭教育之外，还有学校教育，后者是对前者的补充。如果所有孩子都能在家庭中得到良好的教育，并掌握解决各种问题的方法，那么学校就几乎没有存在的必要了。很早以前，有许多孩子是在家庭中接受教育。例如手工业者的孩子，他们会从祖先和父辈那里获取经验和技术。可是，社会的发展对人类提出了更高的要求，孩子在接受家庭教育之外，还应从其他地方获取更多知识。这时，学校就成了最好、最被大众认可的选择，它能帮助父母对孩子施以更完善的教育，可以令孩子学到更多知识，从而促进整个人类社会的发展。

随着时代的发展，教育的重点也发生了改变。人们过去关注的是，如何让孩子学会谋生的技巧，或者在工业制度下如何生存下去。而现在，人们关注的是，如何让孩子与他人建立友谊，并形成良好的合作关系。

凡是主张教育改革的人，无论初衷是什么，最终都是为了实现人类更紧密的合作。例如性格教育，就是如此。不过，人们对这种教育尚未有过深入的了解，对它的目的和方法均知之甚少。为了让教育的作用最大化，必须找到这样一群老师，他们从事教育工作的目的不仅是为了挣钱，还是为了帮孩子树立为社会做贡献的思想，从而为整个人类谋福利。不仅要让这些老师明白性格教育的重要性，还要对他们进行相关的培训，以便于让他们从事这方面的教育。直到今天，性格教育也只是处于试验阶段，没有任何规则制度来告诉我们该如何进行性格的培养和训练。所以，即便是学校这种专门进行教育的机构，在这方面也未能取得显著成就。有些孩子在到学校学习之前，就已经受家庭环境影响，成了问题儿童。而现在的教育水平还无法从根本上清除他们的错误思想。因此，现在唯一能做的就是提高老师的素质，让他们对孩子进行指引，使孩子能够在学校里健康成长。

为此，我做了许多工作。通过走访调查，我发现在这方面做得最好的是维也纳的一些学校。此外，在其他一些地区，也有学校邀请心理学家对学生进行全面的检查。但是，这种做法并没有什么实际意义，因为就算心理学家提出了一些意见，那些老师也完全不知道该如何施行，他们对这些意见的目的一无所知。虽然心理学家们每周都会和孩子们见上一两次，但由于他们无法深入地了解孩子在家庭和学校受到的影响，所以很难取得什么成效，就算将见面的次数增至每天一次也是如此。最后，心理学家只好给出一些简单的建议，比如为孩子补充更多的营养，或是对孩子的甲状腺进行治疗，或者让老师对某个孩子多注意一些。可即便如此，老师们依然做不到，因为他们对这些做法背后的原因一无所知，也不敢仅凭自身经验就做判断。如果这时老师能对孩子的性格有深入的了解，他就会知道该怎么做才能帮到他们。由此可见，心理学家和老师之间必须建立起密切的联系，心理学家的研究必须全面向老师敞开，只有这样，老师才能对学生有深入的了解，知道孩子的问题所在，然后在平时的工作中提供帮助。就算出现一些意外情况，老师也能像有心理学家在旁指导一样从容应对。

一个孩子刚进入学校时，会获得一种全新的体验。在与他人交往的过程中，他性格中的所有缺点都会暴露无遗。对一个被宠坏的孩子来说，离开家人的关爱，适应所有人都平等的学校生活，将是一件非常困难的事。被宠坏的孩子在社会感方面往往存在不足，这一点在他们第一天到学校时就会显露出来。他们可能会大哭大闹、嚷着回家，对学校和老师充满抗拒。他们已经习惯于以自我为中心，所以根本不会听从老师的建议。不难想象，如果他一直坚持这种与人交往的方式，那么必然会落在其他学生的后面。我们经常能从家长嘴里听到这样的话：孩子在家里既懂事又听话，但一到了学校就会四处惹麻烦。这一点其实很容易理解，这种孩子在家里时一定毫无束缚，就算犯了错，也不用承担什么责任。可是，一旦他们进入学校，丧失了家庭中的那种优越地位，必然会备受打击。

有个孩子刚进入学校，就对自己的老师大肆嘲笑。除此之外，他对任何事情都提不起兴趣。他似乎非常不喜欢学校，很多人都觉得他智力有问题。我们见面后，我问他："你为什么总是嘲笑老师呢？"他说："学校就是一个嘲笑人的地方，父母把我送到这里，会让我变成傻瓜的。"原来，这个孩子在家里时，经常受到家人的嘲弄。所以就算进入学校这样的新环境，他依然觉得大家会嘲弄他。我对他说，他的想法是错误的，学校里的同学和老师并不会这样对待他，他把自尊看得太重了。他理解了我的话后，才渐渐喜欢上学校。

作为老师，最重要的职责就是帮助学生解决困难，纠正父母的错误。有些孩子在家里时就已经学会了关注他人，并做好了迎接社会生活的准备。而另一些孩子则完全没有这种准备。所以当他们进入学校时，就会表现出迟疑或胆怯。上学后，他们的表现也不尽人意，但这和智力并没有什么关系，完全是因为他们难以适应新环境。这时，最适合为他们提供帮助的就是老师。

可是老师该如何做才能帮到他们呢？首先，老师应该像母亲一样，与孩子建立起亲密的关系，然后引导他们去关注同学，并与同学建立联系。对于那些无法和老师、同学友好相处的学生，老师不应一味地批评，因为这样不仅不会令他改变，还会让他越来越讨厌学校。一个总是被批评嘲笑的学生，怎么可能会喜欢学校呢？如果被批评的是我，那么我会竭力逃脱这种令人厌恶的环境，到其他地方去寻求发展。那些叛逆的坏孩子无一例外，都对学校充满反感，一刻也不愿待在那里。他们在智力方面并无缺陷，这一点从他们那些恶劣的行为，如编造逃课的理由、模仿家长给自己签字等，就能看出来。他们愿意和那些同样喜欢逃课的孩子混在一起，因为那些人给予他的褒奖会令他觉得自己有价值。而在学校里，他几乎无法获得这样的快乐。久而久之，他会越来越向那些坏孩子团体靠拢，并最终走上歧途。

作为老师，必须知道孩子的兴趣所在，并能够让孩子相信，只要他肯付出努力，就可以在这方面取得成就。只有这样，他才能吸引孩子的注意力。当孩子在某一方面充满自信时，激励他就会变成一件容易的事。所以，在最开始时就要对孩子的各方面有所了解，这是非常有必要的，必须知道他是如何看待这个世界的，他最喜欢做的事是什么，他的感官中哪个最敏锐。孩子们会有很多不同的兴趣，有的孩子喜欢聆听，有的喜欢运动，还有的喜欢观察。有些孩子视觉更灵敏，他们在学习时更愿意用眼睛，而不是耳朵。这就导致他们无法集中注意力去听老师讲课，所以成绩总是落在后面。很多人会因此认定他们有智力缺陷，或者受到了遗传的影响。这种判断显然不对，事实上，家长和老师在这一问题上要承担很大的责任，因为他们根本没有对孩子进行足够的了解，不知道哪一方面可以引起孩子的浓厚兴趣。有人认为，这种孩子应该接受特殊的教育。对此，我表示反对。我认为，我们最应该做的是找到他们的兴趣所在，然后鼓励他们往这方面发展。

现在，很多学校开始采用视频教学的方法，这种方法用绘画、雕塑等方式将传统教材立体地展现出来，可以调动学生的多种感官，让他们更容易接受。这种教学方法非常不错，值得大力推广。最好的教育方法就是将学校教育放在社会大背景下去施行，这样一来，对于学习的目的和意义，孩子就可以有更加直观和充分的了解。有些人可能会有这样的疑问：是教授孩子知识更重要，还是培养孩子独立思考的能力更重要？我认为，这两点都很重要，不应将其视为对立的两方面，而应把它们看作一个整体。比如，教孩子将数学和建造房屋结合起来，让他去计算建造房屋需要的木材、入住的人口数等，这种教育对学生非常有益。此外，在某些情况下，让孩子将不同的学科联系起来，也是一种非常有效的教育方法。或者，也可以在老师的指导下，让孩子将所学内容与现实生活联系起来。比如，老师在带领学生们去郊游时，可以趁机找出他们的兴趣所在，并传授给他们一些相关的知识，例如动植物的进化史、结构、作用、习性，以及它们会受到环境怎样的影响，人类在相关领域的发展历史等。不过，要想施行这种教育方法，老师对学生必须怀有真正的关爱和兴趣，这是一切良好教育的前提。没有这一前提，无论多好的教育方法都很难起到作用。

学校里的竞争与合作

我们在现行的教育模式下经常能够发现，在进入学校前，孩子对竞争的准备往往要多于合作。进入学校后，孩子的竞争能力会进一步得到锻炼。但是，这对他们来说并不是一件好事。那些成绩突出的孩子，他们虽然击败其他同学占据了领先的地位，但这并不代表他们就更幸运。事实上，这样的孩子往往更注重自身，他们不知道什么叫合作，也不知道什么叫贡献，他们所做的一切都是在为自己谋利。一个好的班级应该像家庭一样团结，每个人都拥有平等的地位。只有这样，孩子才会对合作产生兴趣。我曾见过很多这样的例子，问题儿童在参与合作后逐渐改变了自己的生活风格。

有一个孩子，他一直觉得家里人都在和他作对。当他进入学校时，依然认为没有人会对他友好。他在学校的学习成绩非常差，因此经常遭到父母的训斥。在现实生活中，我们经常能见到这种情况，一个成绩差的孩子在学校里被老师批评了一顿，回到家后，又被父母训斥了一番。不管是谁，在接连遭受两次批评后，都会觉得心情沮丧。所以，这个学生在学校里的表现始终不尽如人意，不仅成绩差，还经常四处惹麻烦。后来，他遇到一位老师。这位老师对他的处境一清二楚，很快就指出了他认为所有人都在和他作对的原因。孩子明白了这一点后，对周围就没有那么强烈的敌意了。这时，老师又动员同学们主动接近他，与他建立友谊，孩子的行为因此有了很大的改善。

有些人会担心，这种教育方法是否真的能教会孩子去理解和帮助他人。对此我认为，孩子要比成年人更能理解孩子的心理。我曾接待过一位母亲，见面时，她带了两个孩子，分别是两岁的女儿和三岁的儿子。趁母亲不注意，女孩爬到了桌子上。母亲很慌乱，但并不敢有所动作，担心吓到孩子，于是只能大喊："快下来！"可是，女孩对母亲的话充耳不闻，依旧在桌子上爬来爬去。这时，那个小男孩开口说道："待在那儿，不许乱动。"女孩听后竟立即爬了下来。显然，小男孩之所以能顺利解决这个问题，是因为他比自己的母亲更了解妹妹。

有些人认为，要想培养学生的合作精神，最好的方法就是让他们自己管理班级。这种方法确实不错，但前提是必须有老师从旁指导和监督，而且必须在事先确定学生们具备这样的能力。如果没有这些前提，那么学生就可能抱着嬉戏的态度随意行事，也可能抱着严苛的态度打压对手，趁机谋取个人利益。

对孩子的测试和评估要慎重

为了对孩子的心理、性格、行为等方面进行了解和研究，我们经常进行一些测试。这些测试中，有些确实能很好地帮助孩子，比如智力测试。有个学生成绩非常差，老师不想让他升入高年级，可智力测试却显示，他的智力并没有问题，于是他得以继续升学。不过值得注意的是，智力测试的作用是有限的，只能通过它来了解孩子有没有问题，需不需要帮助，却无法用它来确定孩子未来的发展方向。当我们通过测试发现，某个孩子并无智力缺陷后，只要找到合适的方法，就能改善他身上出现的问题。在智力测试中，如果孩子能够找到这种测试的窍门，并通过考试来增加经验，那么测出来的智商就会有很大提高。由此可见，在孩子成长发育的过程中，智力并非一成不变的，也不会像天赋、遗传等因素那样，对孩子未来的发展形成束缚。

智力测试结束后，不应该将结果告诉孩子和家长，因为他们并不明白这种测试的真正目的，只会以为这是对孩子一生的判定。事实上，对教育来说，这种自以为是的限制才是最大的阻碍。当一个孩子知道自己智力测试的结果很糟糕时，必然会丧失信心，变得沮丧。如此一来，不管怎样激励他，都不可能改变他的观点，让他突破这种自以为是的限制。

除了测试结果不宜告诉孩子和家长外，考试后孩子的排名同样不应告诉。很多老师都认为，考试成绩单可以对那些差生造成刺激，令他们更好的学习。可事实上，那些差生拿到成绩单后，为了免于被望子成龙的父母苛责，会涂改成绩单，或者躲在外面不敢回家。更有甚者，一些性格过于怯懦的孩子还会想到自杀。虽然对于学生的家庭生活，老师并不负有责任，但仍然应该考虑到这些可能的后果。如果父母对孩子具有很高的要求，那么在看到不理想的成绩单时，必然会训斥孩子。如果老师这时能够宽容一些，学生就会受到鼓舞，并有很大的可能重拾信心，继续努力学习。一个孩子如果成绩一直不好，那么就会遭到同学的嘲笑，他自己也会丧失信心。其实，无论成绩多差的学生，都有进步的可能。只要我们能够找到合适的方法，帮其恢复自信，他依然可以获得巨大的成功。

教育孩子：不要为自己设限，人生完全可以逆袭

我发现一种现象，十分有趣，就是学生在没看到成绩单之前，对大家的排名就已经心知肚明。他们清楚地知道每个学科都是谁考取了最高分，也知道自己会排在什么位置。对这些学生来说，他们最大的问题就是觉得自己不会进步。面对成绩更好的同学，他们觉得自己永远都无法超

越对方。就算长大成人后，一些性格固执的孩子依然会这么想，他们会寻找自己与成功人士之间的差距，并认定自己永远也追赶不上。他们总是将自己排在习惯的位置上，第一就一直是第一，排在中间或最后的就一直是中间或最后，即便略有起伏，也是在他们确定好的范围内。他们似乎完全没有意识到，就算成绩不好，也只是一时的，只要肯付出努力,依然可以提升自己的位次,并获得最终的成功。所以，必须让孩子们明白，不要为自己设限。无论是学生还是老师，都应该明白， 孩子的进步取决于后天的努力，与先天的遗传并没有太大的关系。

人们在教育孩子时犯了很多错误，其中最严重的就是，认为孩子的发展受先天遗传的限制。老师和家长经常以此为借口，推卸他们无法教育好孩子的责任。对于这种行为，应该坚决反对。一个老师如果认为孩子的性格和智力发育都取决于遗传因素，他在教育方面必然无法取得太大的成绩。事实上，一个合格的老师是不会说这种话的，因为他很清楚，不管是自己的态度还是行为，都会对孩子造成影响。

这里所说的遗传并不包括身体方面的遗传，也就是说，和身体部位的先天不足并没有什么关系。事实上，个体心理学主要研究的是先天不足对心灵造成的影响。一个身体有缺陷的孩子，不仅行动上会受到限制，思想上往往也会受到束缚。因此，必须让他们明白，身体上的缺陷并不会影响他们的智力和性格发育。之前曾经说过，面对身体缺陷时，有的人会将它当成一种激励自己的手段，有的人则会将它视为自己发展的阻碍。

刚开始，我的这种观点遭到了很多人的反对。他们认为，这种结论太过片面，不够科学，仅能代表我个人。但是，这是我以自身经验为基础做出的判断，事实上，它的正确性也在被越来越多的案例所证实。一些精神病学家和心理学家已经肯定了这一观点，他们都认为人类坚持了数千年的遗传观点其实并不科学。人们之所以提出这种观点，并用宿命论去解释人类的行为，不过是为了逃避责任。这一点从人们常说的“人性本善或本恶”中就能看出来。这种说法显然是错误的，只有那些想要推卸责任的人，才会对其大加推崇。不管是善、恶，还是其他性格特征，都必须放在社会环境下才有意义。何为善、恶？它们是人类在社会环境下互相往来的产物，也是人们用来判断一个人行为的标准。人们普遍认为，一个人的行为有益于他人则为善，反之则为恶。孩子在出生前是接触不到社会环境的，出生后，他会往哪个方向发展，主要取决于他所处的环境，他对各个方面产生的感觉及对这种感觉的解读，还有他接受的教育。

智力遗传也是如此。我们知道，兴趣在智力发展的过程中占据着十分重要的地位。可是，能对兴趣造成影响的却并非遗传，而是悲观和恐惧的心理。当然，不能否认的是，大脑的结构是由遗传而来的，但它只是心灵的一种工具，并非源头。只要大脑没有受到无法挽回的伤害，即便有所缺陷，我们也可以通过训练来弥补。任何在某一方面取得成就的人，依靠的都不是遗传基因，而是自身对这方面的兴趣，以及长期坚持不懈的努力。

有些家族可能连续几代人都才华出众，但即便如此，也不能说这都是遗传的功劳。事实上，从科学的角度出发，这更可能是家庭成员互相激励和良好的家庭氛围发挥作用的结果。著名化学家李比希，他的父亲拥有一家药店。那我们是不是可以就此认为，他的化学才能是遗传自他的父亲呢？这显然不是。事实上，他父亲最大的作用应该是为他提供了一个与化学有关的环境。这种环境让他比其他孩子更早地接触到了化学，并令他对化学产生了浓厚的兴趣。莫扎特能够成为伟大的音乐家，也不是因为受到了酷爱音乐的父亲的遗传。他父亲唯一能够做的，就是培养他对音乐的兴趣，并不断给予他鼓励和支持。莫扎特之所以能够取得成功，与他自小就生活在一个良好的音乐环境中有很大关系。其实，很多成就非凡的人都有相似的经历，他们都像莫扎特一样起步很早。比如，四岁就开始学习钢琴，或者很小的时候就喜欢用文字记录事情等。他们对自己感兴趣的事充满热爱，这种热爱会一直保持下去。他们愿意为此接受专业而全面的训练，并坚定不移地沿着这条路走下去。

之前我们已经说过，孩子总是对自己的能力“心知肚明”，并经常为自己设限，认为超过这个限制就不是他能做到的。如果老师也这样认为，那么他们就无法帮助孩子发展。举个例子，如果老师对孩子说“你在数学方面毫无天分”，孩子必然会丧失信心。这样一来，老师的教育工作虽然轻松了，但孩子却可能从此一蹶不振。我就曾有过这方面的经历。我上学时数学成绩非常差，我认为自己在这方面毫无天赋。可是有一天，我却解开了一道连老师都不会的数学题。这件事对我产生了很大的影响，令我转变态度开始喜欢上了数学。自此，我开始用各种方法来锻炼自己的数学能力，并最终成了学校里数学成绩最好的人之一。这件事足以证明先天能力论的观点是多么荒谬。

每个学生都有自己的特色，无论这个班级有多少学生，都不妨碍我们发现这一点。如果对每个学生都知之甚深，就能知道该用什么方法让他们听从安排。一个班级如果人数太多，管理起来就会出现困难，有些学生的问题容易被忽略，因此也就不可能找到合适的解决方法。作为老师，必须对学生有充分的了解，只有这样，才能引导他们的兴趣，培养他们的合作能力。一个学生最好在几年之内跟随同一个老师。有些学校，每半年就换一次老师，这就导致老师根本没有机会深入地了解学生，也就更无从谈起寻找学生的问题并提供帮助了。一个班级，连续几年都由同一个老师教导，才更容易团结，因为只有在这种情况下，老师才能更好地了解学生，找出学生的问题，并以合适的方法进行弥补。

一般情况下，让孩子跳级并不是件好事，这种做法通常会带来很多问题。孩子因为承担了家长过多的期望，心理压力往往非常大。如果一个孩子各方面的素质确实比其他同学高出一大截，让他跳级也不是不可以。但是，如果一个班级已经形成了紧密的合作关系，较为出众的孩子身处其中，就能对其他同学产生有利的影响，甚至可以带领整个班级实现进步。所以，在让孩子跳级时应该考虑，是否会对这种合作互助、共同进步的趋势造成阻碍。应该鼓励优秀的孩子多去参加活动，或者培养一些新兴趣，如绘画等。当他们在这些方面也取得一些显著的成就时,就可以带动其他同学的兴趣，激励其他同学一起努力。

除了跳级，学校里还有留级。后者的情况更为糟糕，因为被留级的学生大多是问题儿童，他们总是四处惹麻烦，不管是在学校还是在家里。对老师和家长来说，他们通常都是令人头疼的存在，几乎没有几个留级生会安分守己。大部分留级生的成绩都越来越差，在其他同学眼里，他们根本没有什么前途可言，就连他们自己也是这样认为的。虽然留级这种方法没有任何益处，但在当前的教育制度下依旧无法轻易将其废除。也就是说，这个问题并不是那么容易解决的。为了帮助那些可能被留级的学生，有的老师会在假期为他们补课，并竭尽所能地去纠正他们错误的生活风格。而这些学生只要能够认识到自身的错误，再开学时通常就不会落后了。这是唯一切实可行的、能为那些差生提供帮助的方法。必须让这些学生认识到自身的错误，并对自己的能力有个清晰的了解，才能放心大胆地让他们去为自己奋斗。

有些学校会根据成绩将孩子分到不同的班级。对于这种分班制度，我曾做过专门的研究，其间曾发现一个较为特殊的情况。我不知道这种情况在美国是不是也有，因为当时我研究的对象主要是欧洲。学校根据成绩对学生进行分班后，我发现次等的班级中基本上都是家境贫困或智力低下的学生，而优等的班级则刚好相反，都是家庭条件比较好的学生。这种分班制度显然有失公允，在学前教育方面，贫困家庭的孩子根本无法与富裕的家庭相比。因为贫困家庭的父母为了解决生计问题，基本上没有时间对孩子进行教育。有些父母可能有时间，却受自身文化水平的限制，根本教育不了孩子。所以我认为，不能因为这些孩子学前教育没做好就将他们分到次等的班级里。对一个拥有丰富教学经验的老师来说，这种情况并非不能改变，只要将这些没有准备的学生和那些有准备的学生放在一起就行了。这样做对前者来说，会有很大益处。如果非要将这些学生分为优等和次等，那么不管是对贫困孩子来说，还是对富裕孩子来说，都不是件好事。被分进优等班的学生会鄙视嘲笑次等班的学生，时间一长，就容易养成傲慢自大的毛病。而被分进次等班的学生，由于经常遭受轻视和嘲笑，会变得越来越沮丧，既没有信心也没有勇气去追求个人的优越地位。

从理论上讲，应该提倡男女同校，也就是一个学校既有男生也有女生。这样做，可以增进男生和女生的交流与合作。不过，如果以为这样就可以解决异性间的一切问题，那就错了。事实上，在男女混合的学校里，会存在一些特殊的问题。要想解决这些问题，就必须先了解它产生的原因和目的。我们用一个例子来说明，在十六岁之前，女孩通常比男孩发育得更快。如果男孩没能清楚地了解这一点，就有可能损伤自尊心，因女孩打败自己而感到沮丧和羞愧。这种挫败的感觉还可能令一些男孩丧失勇气，不敢再与女孩竞争。提倡男女同校的老师必须认清这些问题，才能保证这种制度的顺利施行，并完成自己想要完成的目标。

此外，男女同校还必须注意性方面的问题。为了避免学生遭遇这方面的困扰，应该对其实行相关的教育，并进行合理的监督。在学校开展性教育，并不是一件容易的事。事实上，教室作为学生平时用来学习的场所，也不适合被用来传授性知识。因为学生太多，老师们根本无法确定学生对性教育的各项内容有没有领会。对于性教育，有些学生或许会很感兴趣，但是根本无法保证他是否真的接收到了这些知识，并能够将其应用到生活中。面对那些对此存疑想要私下寻求答案的学生，老师应该坦白地说出实情。对老师来说，这也是一个了解学生想法和兴趣，并为其提供恰当帮助的机会。在教室里公开谈论性，并不是一件有益和恰当的事。事实上，这很容易让学生产生误解，以为性是一件随便的事。这种想法对他今后的生活和发展会产生一些非常糟糕的影响。

弥补孩子的性格缺陷

每个孩子都有自己的性格和生活风格，那些受过专业儿童教育培训的人可以轻松地分辨这一点。对一个孩子的姿势、行为、观察和聆听的方式、与人交往的态度有足够的了解时，就能知道他具有怎样的合作能力。例如，一个孩子如果总是乱扔课本，或者不写作业，那么他肯定不喜欢学习。至于他不喜欢学习的原因，则是要关注的重点。同样，一个孩子如果无法和其他孩子正常交往，肯定缺乏自信，性格内向。一个孩子如果总是寻求他人的帮助，那么他必然不够独立，总是将希望寄予他人。

有些孩子会在受到表扬，或者得到奖励时而努力学习。有些被宠坏的孩子，只有在受到老师关注时，才会表现良好。一旦老师的注意力从他们身上移开，这些孩子就会立即变得索然无趣。对他们来说，别人的关注才是其进步的动力。这些孩子通常都很不擅长数学，他们虽然能熟练地背诵数学公式，但却无法独立地完成数学问题。表面来看，这种缺点似乎并没有什么大不了的，但实际上，却可能对他们的生活造成严重的威胁。长大成人后，这些孩子会继续将希望寄托在他人身上，无论何事，都想依靠他人的帮助。长此以往，他们就会成为人类社会中的蛀虫，不仅无法为社会做出贡献，还会成为他人的负担。

还有一种孩子刚好相反。他们总是希望成为众人的焦点，一旦被忽视，就会做出一些恶劣的行为，对其他孩子造成很坏的影响。对他们来说，被批评或者被惩罚，并不是一件坏事，他们把这当成一种吸引别人关注的手段。也就是说，在他们眼里，被人忽视比被人惩罚更令人难以忍受。他们认为，只要能实现自己的目标，就算受点惩罚也是值得的。很多孩子都把惩罚视为一场游戏或竞赛，觉得这是对其生活风格的一种挑战，他们必须战斗到最后一刻，坚决不能认输。事实上，最后能掌握主动、获取胜利的大多数都是这些孩子。与家长和老师的抗衡会令他们心满意足，所以即便遭受惩罚，他们也会笑容以对。

还有一些孩子会表现得比较懒惰，这种性格特征通常代表他们虽然具有远大的志向，但却对失败充满恐惧。当然，前提是这种懒惰不是他们为了对抗家长和老师故意装出来的。每个人对成功的理解都不相同。有些孩子对失败的认知会令成人感到惊讶。有些成就不凡的人认为，无法超越他人就是失败，他们面对比自己更出众的人往往会深感不安。而懒惰的孩子根本不知道失败是一种怎样的体验，因为每次面临真正的考验时，他们都会选择逃避。很多人都相信，只要自己肯努力一点，就能战胜任何困难。因此，他们常常这样安慰自己："只要我想做，就没有什么事情是做不到的。"就算遭遇了失败，他们也会对自己说："我只是懒，并非没有能力。"他们用这样的说辞来维护自己的尊严，为自己的失败狡辩。

面对懒惰的学生，有的老师会说："但凡你肯努力一点，成绩就会有很大进步。"对懒惰者来说，这种话其实已经是一种肯定了，所以他们又何必费力去奋斗呢？如果他真的按老师说的那样去努力了，但结果却不尽如人意，那么大家不就都知道是他的能力有问题了吗？对他来说，这可是一个巨大的损失。人们以后再评论他时，只会根据他的实际成绩，而不会再像以前那样，认为他是一个有能力的人，只是因为懒惰不想努力罢了。

懒惰的孩子还有一个别人没有的优势，即他们只需付出一点点努力，就可以获得别人的夸赞。大家希望可以用这些称赞去激励他，让他取得更大的成绩。如果这样做的是那些本就勤奋的孩子，那么人们根本不会给予他这么多的注意。懒惰的孩子就这样在别人的期待中坚守自己的生活风格，他们自出生开始，就已经养成了依赖他人的坏习惯。

与懒惰的孩子一样引人注意的，还有那些在同龄人中担任领导者的孩子。无论何时，人类都需要一个带领者，但那种总能以大局为重的领导者并非随处可见。那些担任领导者的孩子，基本上不会有什么大局观，他们只是希望创造一个能被自己掌控的环境，以便于参加各类活动。在未来的生活中，这种孩子极易陷入困境。如果两个这样的人碰到一起，那么不管是在婚姻中，还是在职场上，甚或是在平时的社交中，都有极大的可能以悲剧收场。两个人每时每刻都想控制对方，以维持自身的优越感，是不可能和平相处的。有些被宠坏的孩子骄傲自大，习惯对他人指手画脚。家长见到后不仅不阻止，还大加鼓励，这显然是一种极为错误的行为。他们完全没有意识到，这种举动在孩子未来的生活和发展中，会带来怎样的麻烦和困扰。

之前已经说过，每个孩子都有自己的性格。我们想要做的，并不是将这些性格统一化，而是找出那种可能会导致孩子失败的个性，然后以恰当的方式对其进行纠正。孩子越小，预防和纠正这种错误的个性越容易。如果一直放任不管，孩子在长大成人后，就会陷入困境。事实上，童年时期的问题对长大后的成败有着非常大的影响。那些神经症患者、罪犯、自杀者，通常都是小时候不愿与人合作的人。童年时期，面对黑暗以及陌生的人和环境极易产生恐惧心理的人，长大后就可能成为焦虑症患者；而童年时经常陷入悲伤和哭泣的人，长大后就会比正常人更容易患有抑郁症。我们不可能让所有家长都了解这些问题，并学会预防这些问题的方法。实际上，越是需要这方面帮助的人，往往越不愿意接受这种建议。这时，老师就成了很好的媒介。我们可以通过老师了解学生的问题，并帮助他们改正错误，培养他们独立与合作的能力，让他们更有勇气去面对未来的生活。我认为，对人类的幸福来说，这种教育可以提供最大的保障。

老师与学生们朝夕相对，自然是最了解学生心理的人。只要他们能够掌握技巧，就可以深入地了解学生，并与学生建立良好的感情。对孩子来说，老师就像母亲一样，具有极为重要的作用。他决定了一个孩子是会继续犯错，还是会改邪归正。绝大多数的孩子都会经过老师的教导，然后走向社会。可以说，老师对这个社会的贡献是难以估量的，他们在很大程度上保障了人类的未来。

图书在版编目（CIP）数据

逆转人生的勇气 /（奥）阿尔弗雷德·阿德勒著；贾宁译.-- 北京：中国画报出版社，2024. 6
ISBN 978-7-5146-2300-0

Ⅰ. ①逆… Ⅱ. ①阿… ②贾… Ⅲ. ①人生哲学－通俗读物 Ⅳ. ①B821-49

中国国家版本馆CIP数据核字(2024)第073574号

逆转人生的勇气

［奥］阿尔弗雷德·阿德勒 著 贾宁 译

出 版 人：方允仲
责任编辑：程新蕾
责任印制：焦 洋

出版发行：中国画报出版社
地 址：中国北京市海淀区车公庄西路33号 邮编：100048
发 行 部：010-88417418 010-68414683（传真）
总编室兼传真：010-88417359 版权部：010-88417359

开 本：32开（140mm×210mm）
印 张：8.5
字 数：180千字
版 次：2024年6月第1版 2024年6月第1次印刷
印 刷：三河市冠宏印刷装订有限公司
书 号：ISBN 978-7-5146-2300-0
定 价：59.00元